高等学校动画与数字媒体专业教材

二维动画制作

於水 张引◎编著

清华大学出版社
北京

内容简介

动画是对技术要求较高的艺术专业，针对数字时代二维动画制作的需求，本书重点讲述如何将基本的动画原理和技法在数字软件和平台上实现。本书避免菜单式的软件教学，而是通过原创实例，循序渐进地引导读者进行学习。初学者通过学习本书，能够使用计算机和数字设备独立地制作出二维动画短片。

本书可作为高等院校和职业院校动画、数字媒体相关专业的教材，也可作为动画爱好者的自学用书。

图书在版编目（CIP）数据

二维动画制作 / 於水，张引编著. —北京：清华大学出版社，2021.10（2023.6 重印）
高等学校动画与数字媒体专业教材
ISBN 978-7-302-58638-8

Ⅰ. ①二…　Ⅱ. ①於…②张…　Ⅲ. ①动画制作软件—高等学校—教材　Ⅳ. ①TP391.414

中国版本图书馆 CIP 数据核字（2021）第 142465 号

责任编辑： 田在儒
封面设计： 刘　键
责任校对： 袁　芳
责任印制： 曹婉颖

出版发行： 清华大学出版社
网　　址：http://www.tup.com.cn，http://www.wqbook.com
地　　址：北京清华大学学研大厦A座　　邮　　编：100084
社 总 机：010-83470000　　邮　　购：010-62786544
投稿与读者服务：010-62776969，c-service@tup.tsinghua.edu.cn
质量反馈：010-62772015，zhiliang@tup.tsinghua.edu.cn
印 装 者： 三河市龙大印装有限公司
经　　销： 全国新华书店
开　　本： 185mm×260mm　　**印　　张：** 11.5　　**字　　数：** 239千字
版　　次： 2021年10月第1版　　**印　　次：** 2023年6月第3次印刷
定　　价： 69.00元

产品编号：092182-01

丛书编委会

序

每一部引人入胜又给人以视听极大享受的完美动画片，都是建立在“高艺术”与“高技术”的基础上的。从故事剧本的创作到动画片中每一个镜头、每一帧画面，都必须经过精心设计；而其中表演的角色也是由动画家“无中生有”地创作出来的。因此，才有了我们都熟知的“米老鼠”和“孙悟空”等许许多多既独特又有趣的动画形象。同时，动画的叙事需要运用视听语言来完成和体现。因此，镜头语言与蒙太奇技巧的运用是使动画片能够清晰而充满新奇感地讲述故事所必须掌握的知识。另外，动画片中所有会动的角色都应有各自的运动形态与规律，才能塑造出带给人们无穷快乐的、具有别样生命感的、活的“精灵”。因此，要经过系统严谨的专业知识学习和有针对性的课题实践，才能逐步掌握这门艺术。

数字媒体则是当下及未来应用领域非常广阔的专业，是基于计算机科学技术而衍生出来的数字图像、视频特技、网络游戏、虚拟现实等艺术与技术的交叉融合；是更为综合的一门新学科专业，可以培养具有创新思维的复合型人才。此套“高等学校动画与数字媒体专业教材”特别邀请了全国主要艺术院校及重点综合大学的相关专业院系富有教学和实践经验的一线教师进行编写，充分体现了他们最新的教学理念与研究成果。

此套教材突出了案例分析和项目导入的教学方法与实际应用特色，并融入每一个具体的教学环节之中，将知识和实操能力合为一个有机的整体。不同的教学模块设计更方便不同程度的学习者灵活选择，达到学以致用。当然，再好的教科书都只能对学习起到辅助的作用，如想获得真知，则需要倾注你的全部精力与心智。

清华大学美术学院

动画，或者与动画相关的专业，与中国高校其他大多数专业相比，还很年轻。

年轻的代价是不规范，重要的表征之一就是缺乏科学的课程安排和权威的教材。而恰恰全国几百所高校又如火如荼地在短短的20年之内开设了动画专业。这是一对供需矛盾。

我见识过为数不少这样的学生：马上要毕业了，面对毕业创作，束手无策。问他们为什么不做，他们说无从下手。有人甚至问我，社会上哪些动画软件培训班好，准备报名去学习。

我深深地思考——问题出在哪里。

我听到很多高校的动画专业教师说，大学不是一个教软件的地方。这句话我认为不够准确，至少不够严谨。

“工欲善其事，必先利其器”。为什么摄影系要教摄影机的光圈和白平衡，音乐系要教乐器的特性，动画系却不能学习软件应用？要知道，现在是数字时代，计算机就是我们的创作必备工具，如同画家手中的笔。

我知道，教师说这句话的初衷是针对目前国内不少高校动画专业开设很多软件课程，而忽视了学生的艺术修养和创作能力的培养，这一点我深表赞同。但现在的情况是，学生们拿不出作品，何谈艺术？

在我看来，大学本科的动画（制作 / 创作类）教育应该分为技术和艺术两大模块——低年级着重技术，高年级着重艺术。人类的认知过程就是这样，只有你会做了、去做了，才能思考如何做、怎么做更好。不会技术而只讲艺术只能是空中楼阁。

众所周知，动画是一门对技术要求甚高的专业，具体到二维动画领域，又分为两部分：“手绘功夫”和“电脑功夫”。而本书的目的就是教授二维动画制作中的“电脑功夫”这一块。它的目的是——一个初学者，学习完本书之后，可以制作出一部动画视频或短片。

请记住，本书不是软件教程，尽管我们会以软件制作为主要线索。笔者排斥为学软件而学软件，尤其是菜单式教学。正确的技术类课程讲授方式是：以动画制作流程为线索，具体案例为主体，多种软件为我所用，使学生掌握制作流程和方法，而不是某个软件的细节。

本书的内容安排如下。

第 1 章着重介绍二维动画的相关必备知识，包括流程概述、镜头、景别等。

第 2 章着重介绍绘制方法，也就是所谓的“手绘功夫”。这部分的内容介绍主要集中在如何使用数字技术完成动画的绘制。

第 3~5 章是本书的重点内容。介绍和教授二维动画的数字制作流程和方法，亦即前面提到的“电脑功夫”。这部分会详细介绍绘制好的画稿如何建立层、如何计算机上色、如何合成、如何制作特效、如何剪辑、如何配音——一套系统而科学的二维动画制作流程。依据这个流程，我们会以 Animo、Photoshop、Premiere 三个软件为主要实现方式。在这几章中，将采用案例教学的方式——我们要完成某个“效果”，需要用到某某功能；而不是枯燥地记忆菜单，然后了解它能够完成某种“效果”。亦即，我们采用“归纳法”，而不是“演绎法”。

第 6 章是二维动画中的高级制作。掌握这些知识和方法，可实现更优秀的画面效果、更丰富的画面运动、更快捷的制作过程。笔者之所以将其单独拿出来作为一章，是出于对学生接受能力的考虑。在笔者以前的教学中，将这一章内容放在前几章的内容中混合讲解，发现这样讲授会干扰学生对二维动画制作流程这条主线的理解，以至于经常有学生会摒弃核心内容，剑走偏锋来研究高级制作内容；近几个学期，笔者在教学中把部分不属于基础流程的难点分离出来，单独放在最后课时讲解，使得前面有关核心流程和基本方法的内容更加纯粹，便于理解。实践证明，效果良好。于是，本书的第 6 章就是这部分“锦上添花”的内容，其知识点的掌握与否，不会对二维动画制作基本流程的理解和应用造成影响。读者可根据自己的情况来选修。

在本书的编写过程中，赵欣参与了部分内容的编写工作，杨婧婷提供了相应帮助，在此表示感谢。

本书难免有不当之处，恳请各位读者批评、指正。

编著者

目录

二维动画概述

1.1 影视动画的相关概念简介

在开始介绍动画技术之前，有必要理解与动画相关的一些知识点。第一，这样让我们对动画制作流程有一个整体的了解和宏观的把握；第二，在将来讲述时，不至于会碰到一些生疏的概念，影响理解和知识的接受。如果读者对这些概念已经有所了解，完全可以跳过这一部分，直接进入下一部分的内容。

1.1.1 剧本

就像一切影视作品开始之前，必须有一个剧本作为之后的拍摄依据，动画片同样需要剧本的支撑。“剧本，剧本，一剧之本”。这一步，创作者一定不要吝惜时间和精力。剧本的内容不一定是一个故事，因为很多艺术动画短片并没有故事，可能只是情感的抒发和材料的实验，但这并不意味着不需要剧本，我们同样需要文字来说明我们的拍摄内容。在剧本阶段，已经开始有意地将文字视觉化，剧本中作描述的内容必须是可以用画面来表现的，是直接可以用分镜头创作的。抽象的描写、心理感受等不具视觉特点的文字在剧本中是应该禁止的。下面是动画短片《生活原来是这样的》剧本中一场戏的样例（第 15 场戏）。

15. 街头一个冷饮摊前 日 外景

一条疯了似的狗飞奔着，狂吠着，路人纷纷闪躲。狗跑过冷饮摊前，坐在阳伞底下正在品尝着冷饮的顾客们惊叫着从椅子上蹦起，躲避，椅子和桌子被碰倒了一片。

此时正在给摊前的一名顾客调制冷饮的老板看到一片狼藉的景象，大叫：我的桌子！

他停下手里的活，对着一旁的儿子叫道：儿子！帮我照顾客人！

随即他走出画面。

儿子慢悠悠地走到摊前，只是看着那名顾客。那名顾客也怔怔地看着老板儿子。

安静片刻。

顾客：加点糖。

老板儿子拿起一个罐子开始往那杯调了一半的饮料里狂撒白色的粉末。

顾客忙道：好了！好了！

儿子把罐子放下，观众看到罐子上写着：苏打。而紧挨着此罐子的另一个罐子上面才明明写着：糖。

1.1.2　美术设计

美术设计包括整体风格设计、造型设计和场景设计 3 个方面。它是确定一部动画片的美术风格、角色造型的关键步骤。整体风格确定整个片子的气质，可以通过对主要场景和情节的绘画表现，展示片子的造型风格、动作风格、色彩、场景处理等。角色造型是动画片中比较重要的一个环节，作为动画片中主要情感的传达者，角色造型在很大程度上决定了动画片的成败，如图 1-1 是好莱坞动画片《马达加斯加》中的角色造型。

造型设计不光包括人物，还包括各种动物和器物。艺术家们常常运用拟人化的方法创造出各种生动的形象，使它们达到性格化和典型化的要求。对于大型动画片来说，造型设计的要求比较严谨，包括标准造型、转面图、结构图、比例图、道具服装分解图等，如图 1-2 所示。

这些严谨的工作是十分必要的，因为对于团队式的动画制作，没有一个统一的参考标准是不可想象的。即使对于个人创作，严谨的造型设计对创作过程前后造型的一致性和准确性都会起到决定性的作用。应该说，造型设计不光是角色外形的设计，还包括角色动作的设计。在动画片中，诠释角色的要素不仅是它的外表，还包括角色的性格动作。不同性格的角色具有不同的动作，造型设计也要包括角色的典型动作设计，用几个带有情绪的角色动作体现它的性格和典型动作，并且附以解说文字，如图 1-3 所示。

场景设计是整个动画片中景物和环境的基础，它对氛围的塑造有很大的作用，如图 1-4 所示。

图 1-1
好莱坞动画片《马达加斯加》中的角色造型

图 1-2
各种造型图

图 1-3
动画片《泰山》和《马达加斯加》的角色动作造型

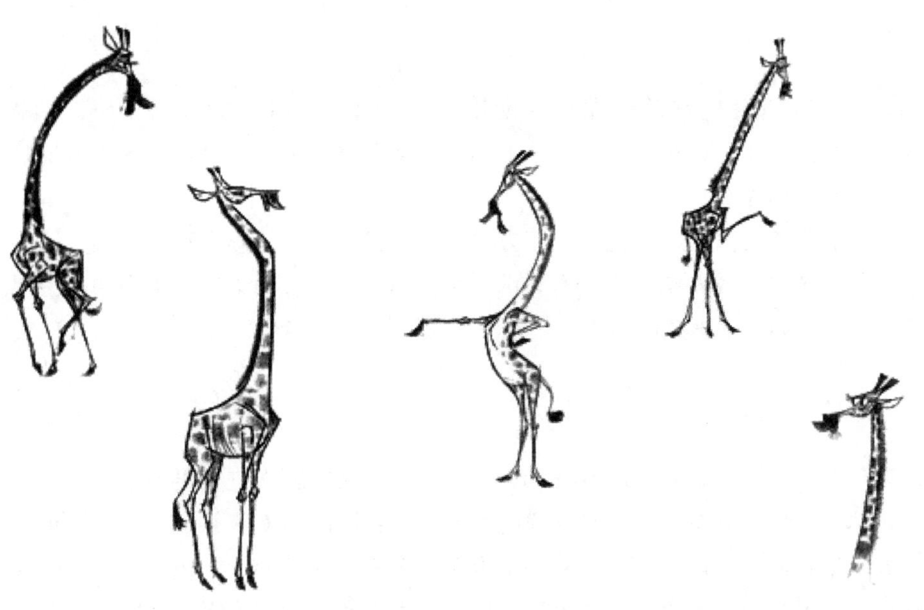

图　1-3（续）

图 1-4
动画电影《你的名字》中的场景氛围

1.1.3 镜头

镜头的英文是 Cut。一个连续无间断的画面被称为镜头。其时间长度不一，如果画面切换，则是换了一个镜头。当一个画面结束时会转移到下一个画面，这是剪切胶片的结果，因此被称为 Cut。

动画片也借鉴了实拍电影的镜头组接方式，所以我们看到的影视动画在镜头结构方面基本上与实拍电影或者电视剧没有大的差别。因此，学习和了解电影中的相关视听语言等知识，是创作动画片的基础。

1.1.4 分镜头台本

分镜头台本又称故事板（Storyboard），是导演根据文字剧本进行再创作的一个工作台本。具体一点说，分镜头台本是这样的形态结构：图画与文字并存，一个镜头一般由一个或几个画面来表述，文字主要用来说明每个镜头的长度、本镜头内人物的台词以及动作等。图画与文字说明的内容包括镜头的类别和运动、构图和光影、运动方式和时间、音乐和音效等。分镜头台本的创作是把文字视觉化的过程，也是非常重要的一步。如何用镜头来讲故事、蒙太奇的应用、各种景别（大全景、全景、中景、近景、特写）的使用、机位的选择以及运动方式、镜头之间的组接，这些要素在这一步都要确定下来。如果说动画片是一篇文章，那么动画的图像就是文字和词语，而分镜头就是句法和段落的组织，文章的结构和讲述方式都由它来决定。所以说，分镜头台本的创作是电影语言的本质体现，是通过视觉讲故事的基本依据，它在动画片中的作用丝毫不亚于绘画和动作本身。分镜头台本的例子如图 1-5 所示。

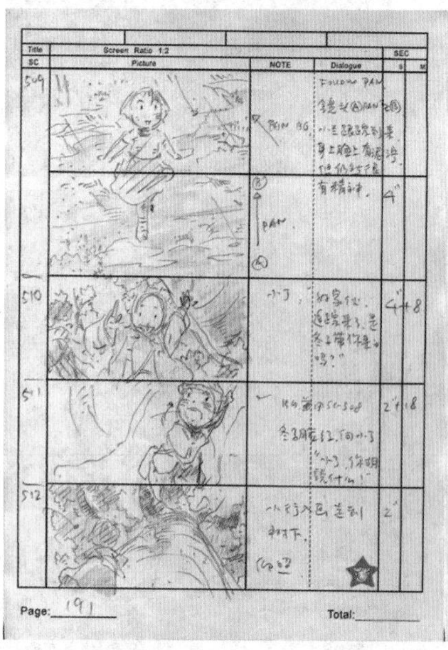

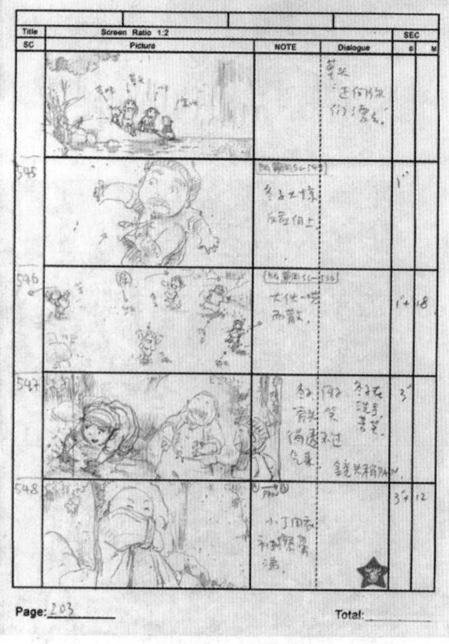

图 1-5
动画电影《闪闪的红星》分镜头台本

1.1.5 景别

景别是指被摄主体在画面中呈现的范围，一般分为远景、全景、中景、近景和特写。不同的景别有不同的叙事功能和艺术风格。

- 远景注重气氛的表现和环境的规模，如图 1-6 所示。

图 1-6
动画片《功夫熊猫》中的远景镜头

- 全景往往是每一场戏的总角度，表现角色的全身或场景全貌的画面。决定镜头分切及画面中的光线、影调、色调、人物运动方向、位置关系的制约衔接等，所以又被称为“关系镜头”，如图 1-7 所示。

图 1-7
动画片《功夫熊猫》中的全景镜头

- 中景和近景是动画片中的常用景别，作为动画片中叙事的主要方式，镜头中的角色表演是表现的重点，如图 1-8 和图 1-9 所示。
- 特写镜头十分富有戏剧化，有很强的冲击力和表现气质，突出而准确地表现人物性格和情感，如图 1-10 所示。

图 1-8
动画片《功夫熊猫》中的中景镜头

图 1-9
动画片《功夫熊猫》中的近景镜头

图 1-10
动画片《功夫熊猫》中的特写镜头

1.1.6　运动摄影

运动摄影指摄影机在推、拉、摇、移、跟、升降、旋转和晃动等不同形式的运动中进行拍摄。运动摄影是现代影片的重要拍摄方法，它有助于突破电影的固定画幅比例界限，扩展视野、增强画面的动感和空间感、丰富画面的造型形式，也有助于描绘事件发生和发展的真实过程，表现事物在时空转化中的因果关系和对比关系，增强逼真性。在二维动画片中，运动摄影较为受限制，一般情况下，推、拉[①]、摇、移较易表现，但涉及第三维度（深度）的运动，尤其是镜头运动导致画面中景物发生透视变化时，不是二维动画的强项。

1.1.7　拍摄张数

每秒我们不一定必须画或拍摄 24 张不同的画面。我们可以只绘制 12 张，每张拍两帧，同样在相同的时间内完成了相同的动作。如果每张画被拍摄一次，它被叫“一拍一”；如果每张画两次被拍摄，叫作“一拍二”。相应的，还有“一拍三”“一拍四”，等等。一张画要被拍几次，完全由动作本身决定。早期的迪士尼动画均是采用“一拍一”的动画方式，这种方式到后来因为工作量太大，导致动画制作周期长、投资大，越来越不适用于电视动画片的制作。日本人大胆使用了“一拍二”“一拍三”的动画制作方式，使动画的工作量大为减少，而动作的连贯和流畅性的少量损失并不影响观众的观影体验。所以，现在只能在高端的动画电影中见到动作细腻流畅的“一拍一”，而在绝大多数现代电视动画片中，全片采用“一拍一”的方式已近绝迹。

1.1.8　循环动画

许多物体的变化都可以分解为连续重复而有规律的变化。很幸运，动画因为循环而成倍地减少了工作量。动画制作中的循环是指重复地使用有限的几幅画面，形成周期性的运动。动画中常见的下雨、下雪、水流、火焰、烟、气流、风、电流、声波、人行走、动物奔跑，鸟飞翔，轮子的转动，机械运动以及有规律的曲线运动、圆周运动甚至透视中的背景运动等，都可以采用循环动画来实现。

循环动画由几幅画面构成，要根据动作的循环规律确定。一个动作是否能循环，关键是看此动作的最后一帧是否可以和本动作的第一帧相连，如果可以的话，那么此循环成立。

1.1.9　合成与特效

一般情况下，二维动画是分层来制作。例如，背景绘制在一层上面，而前景的角

---

① 镜头的推拉分为两种：摄影机推拉运动（摄影机有空间的变化）和变焦推拉（摄影机位置固定，通过变焦镜头推拉）。这里的推拉镜头是指后者。变焦推拉在二维动画中较易实现，即将拍摄对象放大或缩小。而前者由于涉及推拉过程中拍摄对象的透视变化，不宜在二维动画技法中实现。

色绘制在另一层上面，分两道工序来进行。当这两道工序都完成后，在生成最后的动画前，我们必须把它们合到一起，成为一个完整的画面，这样的工作就称为合成。当然，合成的对象不一定只有两层，它的对象也不一定只是手绘作品，我们可以把三维画面和二维画面合成到一起，也可把实拍照片合成进去，只要愿意，可以把任何想要的东西放在一个画面里。熟悉平面设计的读者一定知道，这和 Photoshop 中的图层原理是一样的，只不过在这里是把静态图片换为了动态影像。举个例子，一队男孩行进在街道上的镜头，这个镜头我们分为四层绘制。最上面的一层是男孩们行进的循环动画，第二层是有阳伞和桌椅的一层，第三层为红色房顶的一层，最底下的一层是远处的绿色房顶的一层。那么最后我们需要按上下顺序依次合成，得到最终的镜头，如图 1-11~ 图 1-13 所示。

图 1-11
最终合成镜头（动画短片《勇敢的男生》导演於水）

特效指特殊效果。为了使作品看起来更加真实、悦目，在画面中加入各种特别的效果，如袅袅的烟、飘摇的火焰、强光等。二维动画制作流程中，使用特效软件并不是必需步骤，仅仅在必要的时候或者需要“锦上添花”的时候，我们才会用到特效软件。随着近年来动画风格越来越向电影靠拢，动画电影的画面在各个方面愈发需要特效软件来参与，可以通过特效手段进行画面的调色、遮罩、光线模拟，从而实现更为漂亮的画面效果和美术风格，如图 1-14 所示。

合成与特效的常见软件有 After Effects、Nuke、Fusion 等。一般情况下，在 TVPaint Animation 中制作的二维动画，可用其自带的特效插件进行简单的特效合成；但在追求专业化、精确化和复杂化的动画特效制作中，常用的特效软件为 Adobe After Effects。

图 1-12
该镜头从下往上的四个层

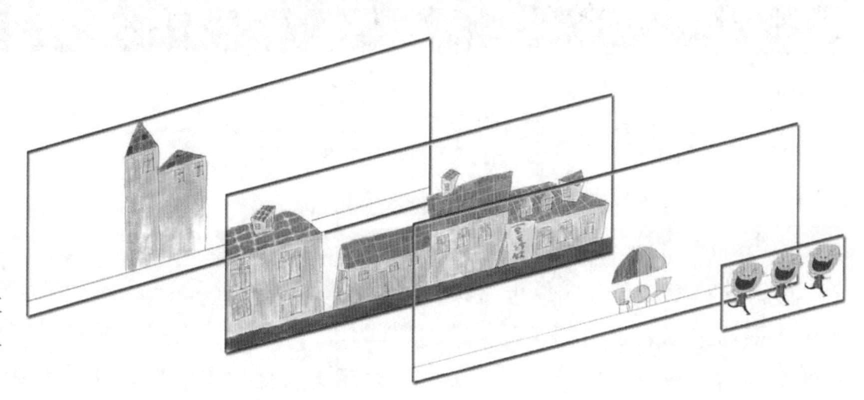

图 1-13
四个层的摆放位置从下往上依次摆放

图 1-14
动画短片《火红的青春》镜头添加特效前后的画面效果对比

1.1.10 剪辑

剪辑的功能是在合成镜头完成后，将这些镜头连接到一起形成整部影片。在此过程中，根据艺术表现力和实际播映的时间长度等情况，对镜头长度进行调整和编辑，在此会删剪、重复、增长一些镜头，并对镜头在全片中的位置和长度进行精确调整，最终剪接成完整的动画作品。常见的剪辑软件是 Adobe Premiere。

1.2　二维动画制作流程简介

1.2.1　传统二维动画制作方法

二维动画技术的历史与动画史同样悠久，后来经过不断地改进，渐渐形成现在的成熟的二维动画技术。这种动画技术应用非常广泛，许多著名的动画片，如《白雪公主》《小鹿斑比》《猫和老鼠》，以及绝大多数电视动画片都是用这种动画技术完成的，如图 1-15~ 图 1-17 所示。

图 1-15
动画片《白雪公主》

图 1-16
动画片《小鹿斑比》

图 1-17
动画系列片
《猫和老鼠》

简单来说，这种技术的特点就是逐帧绘制好每一幅画，并且连续播放形成动画。当然，二维动画技术经过改进，并不是和其刚刚诞生时期似的，需要每秒 24 格全部绘制，而是通过减少拍摄张数，利用分层、循环等技术有效减少工作量，提高效率。

在数字技术出现之前，传统手绘二维动画的制作流程一直保持了数十年。它的制作流程可以概括为：在赛璐珞片上绘制线稿—赛璐珞片反面手工上色—逐格摄影机拍摄画稿—声音—洗印。

赛璐珞片是一种无色透明的薄片，之所以使用它主要是因为除了它上面的绘制部分，其他部分可以透出下面的层，为合成提供了基本的技术保障。在其反面进行上色是因为防止上色过程中不慎将线稿覆盖。逐格拍摄是非常重要的一个步骤，它相当于现代动画制作中的摄影表（时间轴）设置、合成、生成等步骤的综合。逐格摄影机是一个镜头朝下、以胶片为记录介质、单张拍摄的设备，如图 1-18 所示。在专用的动画拍摄台上，按照设计的上下层顺序、定位放置绘制好的动画赛璐珞片、背景等，在其正上方架着镜头朝下的逐格摄影机，对动画稿进行逐一拍摄。诸如一拍二、循环、合成等步骤均在此阶段完成。

图 1-18
动画逐格摄影机

1.2.2 数字时代的二维动画制作流程

客观来说，二维动画的基本制作流程近几十年来没有大的变化，依然是逐张绘制、上色、合成、输出等步骤，但是随着计算机技术的介入，二维动画的制作流程在完成效率上、画面效果上有了较大的提升。

现代计算机二维动画最为典型的制作流程包括：在绘图软件中绘制动画线稿及背景、在绘图软件中为动画线稿上色、在合成软件中合成上色后的动画及背景、在剪辑软件中剪辑并配音、在剪辑软件中输出动画。

在计算机绘图技术尚未成熟的时代，线稿绘制部分一般在动画纸上进行（赛璐珞片毕竟价格较高，已被淘汰），然后扫描到计算机当中使其数字化。现今，由于绘图板的普及与计算机技术日趋成熟，越来越多的动画制作者采用绘图板直接在计算机中绘制。制作软件包括 Adobe Photoshop、Adobe Illustrate、Sai 等绘图软件，或 TVPaint Animation 等兼顾合成、特效及剪辑功能的绘图软件。

上色在计算机中完成是相对于传统二维动画的一大进步：我们常常看到早期的二维动画角色身上的色块颜色不时会有略微的跳动变化，那是因为在赛璐珞上色时代，对于某一块固定的色彩，每次手工调出的颜色不可能完全一样，所以在画稿和画稿之间颜色会有少许变化；但在计算机中，由于精确的数字技术，不同画稿中相同颜色区域之间颜色极为稳定，画面效果良好；更为重要的是，上色的速度大大加快了，效率得到了大幅的提升。

摄影表（时间轴）的设置及画面合成相比较传统二维动画时代则更加方便和便于修改。以前我们在正式逐格拍摄画稿之前，一般会有一个步骤叫作“动作检查”[①]。这是因为逐格摄影机的胶片价格昂贵，且拍摄完成后不宜修改，所以在拍摄之前通过动检来确保动作的正确，之后才正式拍摄。而在数字时代，动画的制作成本低廉，修改编辑摄影表或时间轴十分方便，可以通过预览不断地修正编辑摄影表或时间轴，大大缩短了摄影表或时间轴设置的工作周期；在合成步骤中，无论画面效果还是工作效率均得到了大幅提升。

在剪辑环节，由于舍弃了胶片的剪辑而变成了在计算机上的剪辑，变得直观快捷，易于操作。

总之，由于计算机和数字技术的介入，以前专业人士才能触及的动画制作，门槛变得越来越低，只要拥有一台个人计算机，普通人都可以进行动画制作。一个人完成整部动画短片的创作和制作在当今时代愈发普遍。

具体到软件的选择上来说，近年来在国内制作二维动画较为实用的有这样几种工作模式。

（1）Flash 制作模式（Adobe 公司已将其更名为 Animate CC。但由于早期大量经

---

① 动作检查简称动检，即用相对胶片摄影廉价的拍摄系统拍摄线稿（将画稿以低档的摄像头拍摄进入计算机），在计算机中播放，检查动作的准确性。

典动画作品均以 Flash 为制作软件，因此本文将沿用 Flash 一词）。用 Flash 制作二维动画片的方式相当普遍。从其刚诞生时的网络动画方面的应用，开始向影视动画领域深入。比如电视台播放的相声小品类的动画节目，均是用 Flash 实现的，如图 1-19 所示。但是，用 Flash 做二维动画也有其局限性：因为矢量图的缘故，Flash 缺乏丰富的画面表现力尤其是手绘风格的表现力；由于是以帧为单位进行工作的，所以在较为宏观的剪辑层面，Flash 的功能很难达到。

图 1-19
央视《快乐驿站》动画小品截图

（2）Adobe Photoshop+Adobe Premiere 为代表的绘图软件结合后期软件的制作模式。绘图软件完成线稿绘制和上色的任务，后期软件实现摄影表编制、合成、特效和输出的任务。其中，绘图软件可以是 Photoshop 或者 Painter；后期软件可以是 Premiere、After Effects 等。用 Photoshop 来绘制画稿的好处是可以实现各种画面风格，单幅画面的编辑和绘制能力强大；但对于动画的画稿序列来说，Photoshop 的功能便捉襟见肘了。

（3）Flash（Animate CC）+ After Effects + Premiere 的制作模式，可看作上一种制作方式的“升级版”。目前在国内相当流行，诸多工作室和中小型公司均采用这种制作方式，如图 1-20 所示。

图 1-20
动画剧集《黑白无双》截图

这种制作方式中的 Flash 软件可以利用其“洋葱皮”功能轻易地实现前后帧的参考绘制；上色功能也较为强大，以至于有相当一部分基于逐帧动画技术、较为复杂的动画片也会使用 Flash 来绘制线稿和上色。但这种制作方式有几点劣势：首先，Flash 的绘图功能有限，最显而易见的是其线条的表现：铅笔工具没有粗细浓淡变化，刷子工具则容易粗细变化过大，而且 Flash 对扫描画稿（位图）的支持较为薄弱；其次，尽管 Flash 的上色较为方便，但离专业级的动画软件上色功能仍有一定的差距；最后，Flash 的时间线虽然相较于 AE、Premiere 等软件已很有优势（以帧为单位编辑），但是和传统意义上的摄影表还有差距，操作起来仍稍显烦琐。

（4）TVPaint Animation 为代表的制作方式。TVPaint Animation 是专业的二维动画制作软件，具有动画制作的全部基础功能。在绘制线稿方面，TVPaint Animation 具有笔刷选择功能，线条平滑功能及透写（类似 Flash 中的“洋葱皮”功能）功能；在上色方面，具有色彩溢出功能、缺口闭合功能及自动识别上色功能；在剪辑合成方面，具有帧率调整功能，摄像机功能及音轨导入功能；在特效制作方面，具有旋转、透视、模糊等诸多基础功能。值得注意的是，TVPaint Animation 虽然功能较为全面，但在某些方面相较专业软件而言略显基础。因此，在特效与剪辑方面，建议使用 Adobe After Effects 及 Adobe Premiere 进行辅助制作。这种制作方式的整体制作流程如图 1-21 所示。

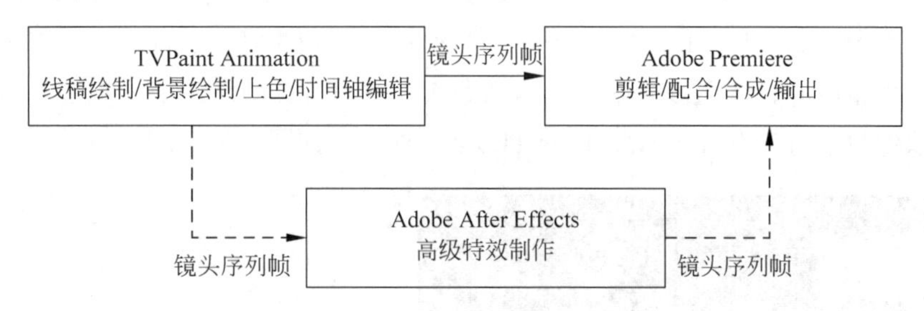

图 1-21
以 TVPaint Animation 为制作方法的二维动画制作流程图

- 第一模块为绘图，并且在 TVPaint Animation 中，可在绘图的同时调整时间轴。首先在软件中新建镜头项目窗口，然后完成线稿绘制、背景绘制、上色及调整时间轴等工作，并输出序列帧。
- 第二模块为剪辑，在 Adobe Premiere 中导入动画序列帧。之后，在软件中完成剪辑和配音的工作。
- 如果要做高级特效的话，需要将 TVPaint Animation 输出的序列帧先行导入至 Adobe After Effects 等特效软件中，完成特效处理后，再进入 Adobe Premiere 中完成剪辑及配音工作。

该流程是目前较为科学、高效、表现力强的制作手段。本书将重点介绍此流程的实现方式。

1.3 TVPaint Animation 软件简介

1.3.1 TVPaint Animation 软件的特点及功能

如前面介绍，Flash 和 After Effects 在严格意义上都不是专业的二维动画软件。在世界上较为通用的专业二维动画软件有 TVPaint Animation、Retas、TOONZ、USAnimation、PEGS 等。本书将以 TVPaint Animation 为制作平台，系统介绍二维动画的制作流程和相关细节。TVPaint Animation 动画制作软件由法国 TVPaint 公司开发出品（官方网址：http://www.TVPaint.com）。使用 TVPaint Animation 软件制作的动画作品有《凯尔经的秘密》(*The Secret of Kells*)、《海洋之歌》(*Song of the Sea*) 及《养家的人》(*The Breadwinner*) 等。诸多如 Cartoom Saloon、Les Armateurs、Vivi Film 等二维动画工作室，均以 TVPaint Animation 作为动画制作软件。该软件综合传统动画与计算机技术不同的优势，在动画制作流程中进行互补与结合，使动画作者可以在单一的制作软件中，完成绘图、动画及特效制作等功能。此外，最新版本的 TVPaint Animation，其软件兼容性能也有较大提升，支持 PSD 文件的分层导入功能，支持 AVI 视频格式的逐帧导入功能，并对多种图像、视频、音频格式兼容。相较 Flash 而言，TVPaint Animation 并非一款矢量图格式的制作软件，且不具备补间动画功能，因此 TVPaint Animation 并不擅长制作 Motion Graphic 等图形动画。但是，由于便利的帧控制系统和强大的绘图功能，TVPaint Animation 可以轻松实现较为复杂的逐帧动画制作，并为作者节省大量时间，从而最大限度上达到令人满意的巧思创意及视觉效果。本书中所应用的软件版本为 TVPaint Animation 11.5.0 专业版，如图 1-22 所示。

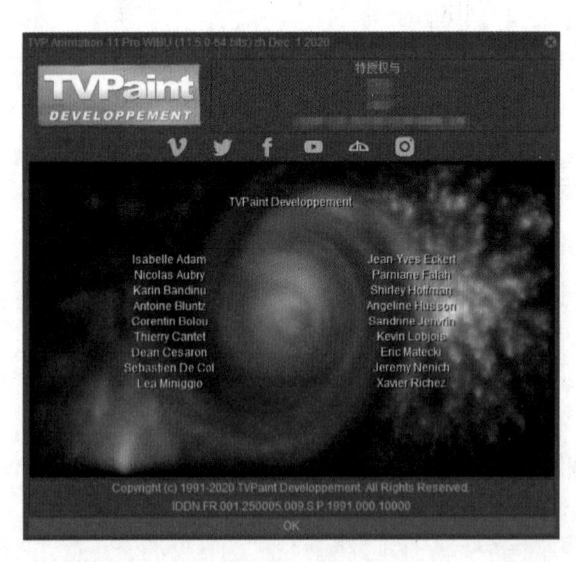

图 1-22
TVPaint Animation 11.5.0 专业版

TVPaint Animation 软件包括多个功能区域。与 Adobe 系列软件相似，每个区域具有相对独立的功能，需彼此配合完成动画制作的整体流程。使用频率较高的六个功能区域如图 1-23 所示。

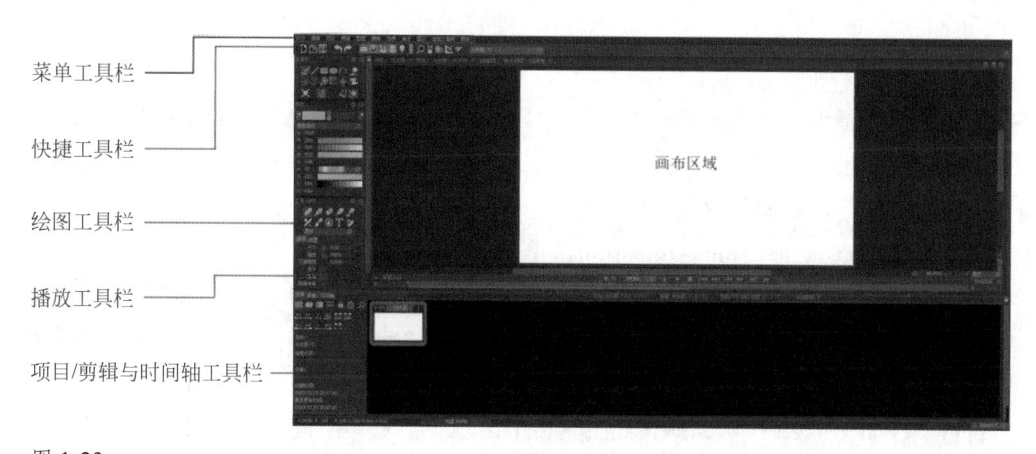

图 1-23
TVPaint Animation 软件中的功能区域

以上六个功能区域也是本书介绍的重点，诸多制作动画的关键工具属于上述六个功能区域。因此，也可将其理解为制作工具集中归纳的“工具栏”。它们分别是：菜单工具栏、快捷工具栏、绘图工具栏、播放工具栏、项目 / 剪辑与时间轴工具栏。此外，还有体现绘制预览效果的画布区域。

在菜单工具栏中，分别有“文件”“编辑”“项目”“剪辑”“图层”“图像”“特效”“视图”“窗口”“帮助”等选项。与其他设计软件类似，菜单工具栏负责项目宏观规划及整体设计，如动画项目的建立、储存与读取，项目画幅规格设定，工具窗口的打开与关闭等。菜单工具栏如同软件的“目录”，关于软件的所有功能几乎均可在工具栏中打开。

快捷工具栏与菜单工具栏相互呼应，动画制作的常用工具（如图层、透光台、蒙版及网格工具等）均可在此打开。快捷工具栏选项以图标表示，左键为开启功能，右键则可对该功能进行设置。

绘图工具栏对于动画绘制具有十分基础且重要的作用。此工具栏一般自上至下分为几大模块，分别为绘图工具的主面板、颜色及工具子面板，模块位置均可依创作者习惯进行调整。

播放工具栏参与动画播放与预览效果的设置。该工具栏中拥有播放、停止、快进、快退等常用播放工具。此外，预览相关的设置选项，如动画声音预览、动画循环播放预览及预览帧速率设置等选项也在此工具栏中。

项目工具栏为 TVPaint Animation 较为特殊的功能区域。众所周知，一部常规意义下的动画作品，由若干个动画镜头组接而成，项目工具栏便依此逻辑设计。即作者可在此工具栏中创建多组剪辑项目，每个剪辑项目对应着动画中不同镜头，在每个剪辑项目（镜头）中可创建不同图层。由此可见，TVPaint Animation 基本参照传统二维动画制作流程及方法，对于熟悉传统二维动画的作者而言，TVPaint Animation 十分容易上手。

1.3.2　一个简单镜头的制作实现

为了先给读者一个直观的印象，这里以一个简单的案例宏观地介绍一下 TVPaint Animation 工作流程（本书暂且不涉及二维动画运动规律和绘制技法等内容）。至于操作中的细节，将在后面的章节里详细介绍。

第一步：进入 TVPaint Animation，单击“菜单工具栏”→“文件”→“新建项目”按钮，弹出“新建项目”面板，如图 1-24 所示。将动画宽高比设置为 1920×1080 像素（关于“宽高比”的问题在本书第 2 章 2.2 节中有详细介绍），帧频选择为 24。在设置画幅及帧频后，即呈现如图 1-25 所示画面。双击进入“项目工具栏”中的剪辑窗口，如图 1-26 所示，即在此工具栏中出现“剪辑：时间轴”，如图 1-27 所示。

图 1-24（左）
“新建项目”面板

图 1-25（下）
设置好宽高比和帧频后的 TVPaint Animation 操作界面

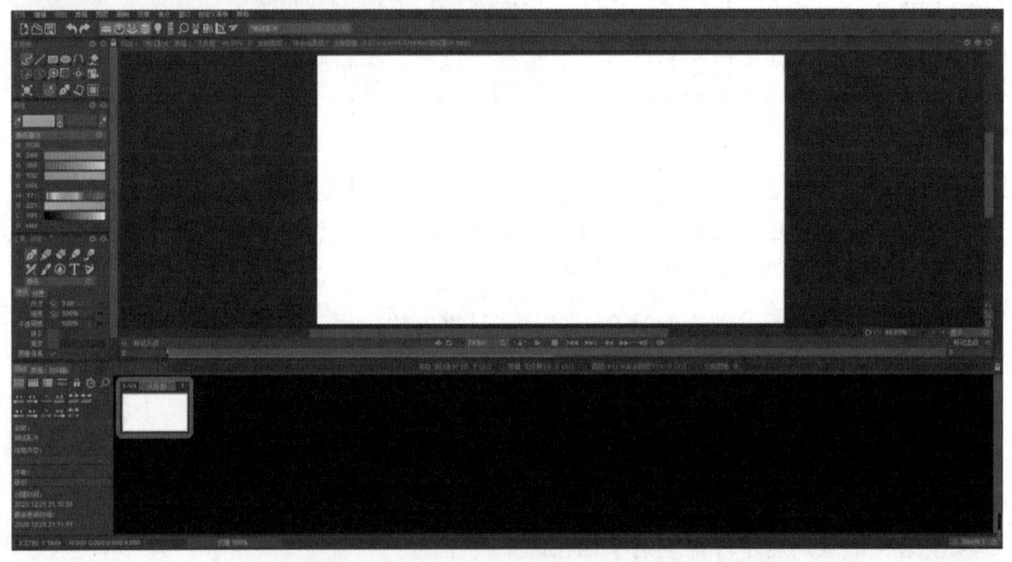

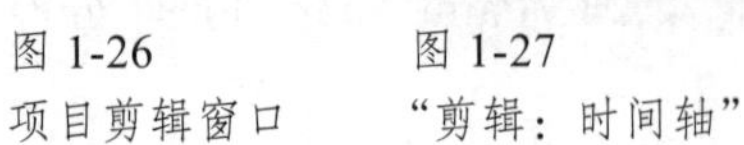

图 1-26
项目剪辑窗口

图 1-27
“剪辑：时间轴”

第二步：在“剪辑：时间轴”中单击“新建”按钮，弹出新建图层面板。在此面板中单击 Anim Layer，并修改名称为“线稿图层”，如图 1-28 所示。

第三步：依据第二步方法，在项目剪辑窗口中建立三个图层，分别命名为“线稿图层”“上色图层”和“场景图层”。将“线稿图层”放置于最上层，“上色图层”次之，最下层为“场景图层”。由此得到如图 1-29 中的图层关系。

第四步：在“线稿图层”的时间轴中，拖曳单帧边缘（见图 1-29 中的蓝色区域），拖曳长度为 24 格。松开拖曳按钮后，自动出现“增加图层长度”面板，选择“添加空白画帧”选项，使“线稿图层”在时间轴中呈现 24 个空白画帧，如图 1-30 所示。以同样的方法，拖曳“上色图层”在时间轴中的单帧边缘，得到“上色图层”在时间轴中呈现的 24 个空白画帧。“场景图层”较为特殊，拖曳时间轴中的单帧边缘至 24 格后，在“增加图层长度”面板中选择“拉伸”选项，即可得长度为 24 格的空白画帧，如图 1-31 所示。

图 1-28
新建图层面板

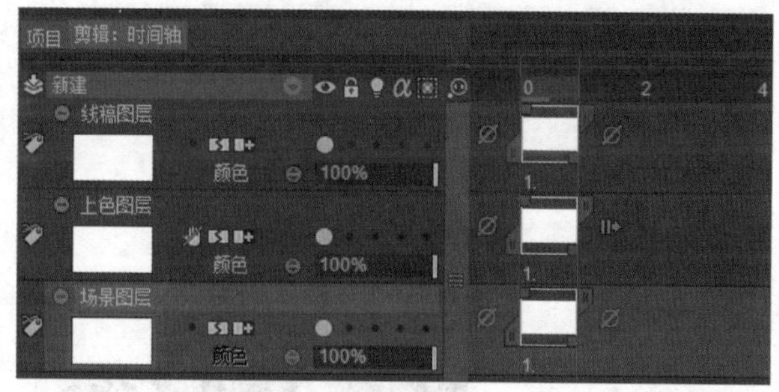

图 1-29
时间轴中的单帧图层

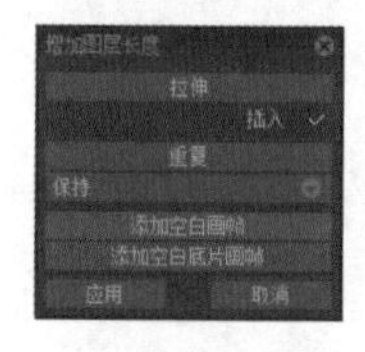

图 1-30
拖曳帧选项面板

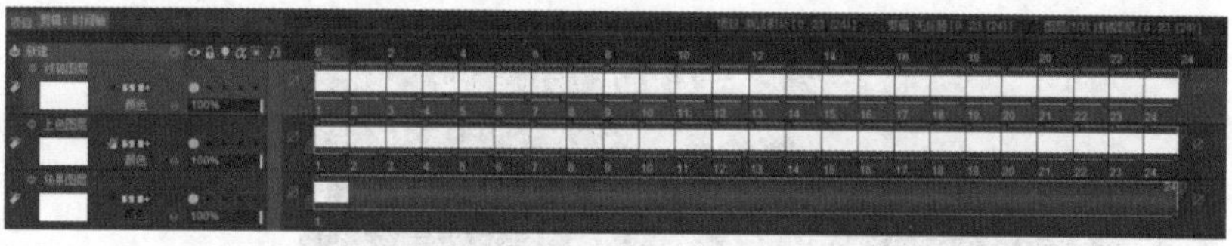

图 1-31
拖曳后形成的多帧图层

第五步：选择“线稿图层”在时间轴中的第一张空白画帧，在绘图窗口逐帧绘制动画线稿，将 24 个空白画帧绘制完毕。动画效果可在“播放工具栏”中进行预览校验，如图 1-32 所示。

第六步：选择“上色图层”在时间轴中的第一张空白画帧，在绘图窗口逐帧绘制动画色稿。在这一阶段，可以通过设置使颜色自动填充线稿内的区域（具体上色方法见第 3 章详解）。将 24 格空白画帧上色完毕。“上色图层”与“线稿图层”区分开的原因，是方便之后的调整和再编辑。“上色图层”置于“线稿图层”之下的原因，是为了体现“线条”对于“色彩”的框定与勾勒效果，如图 1-33 所示。

第七步：选择“场景图层”在时间轴中的第一张空白画帧，在绘图窗口绘制动画背景。由于“场景图层”是单帧图层，因此，在此 24 格中均体现第一张画面。由于“场景图层”置于所有图层最底层，因此画面呈现出“线稿图层”和“上色图层”对“场景图层”的遮挡效果，如图 1-34 所示。

图 1-32
在“线稿图层”中逐帧绘制动画线稿

图 1-33
在“上色图层”中逐帧为动画上色

图 1-34
在“场景图层”中绘制动画背景

第八步：选择“菜单工具栏”→“文件”→“导出至”命令，如图 1-35 所示，即弹出“项目导出”面板，由于该动画为独立镜头，因此在“剪辑：显示”中即可输出动画（具体输出方法见第 5 章详解）。在“浏览”中设置输出路径，调整输出格式、宽高比、帧频及场的交错方式，选中“背景”选项，单击“导出”按钮，即可在选定路径下输出动画成片，如图 1-36 所示。

图 1-35
项目导出方法

图 1-36
输出动画成片

课后题

（1）请说出二维数字动画片中期制作流程。

（2）被称为“关系镜头”的景别是什么？

（3）“一拍二”相比较于“一拍一”有哪些优势和劣势？

（4）一个动作是否可以成为循环运动的关键点是什么？

（5）简述数字二维动画制作相比较于传统的二维动画制作的优势。

二维动画绘制

动画专业有专门的动画课程讲述动画的基本原理和表现技法（如原画、动画、运动规律），本书的重点并不在于此。在这里，假设读者已经掌握了动画的“原理”和“表现”，本章则是讲授如何使用数字平台和软件，采用规范的流程和技术手段完成动画的绘制。

2.1 工具

数字绘制方式是指通过绘图板直接在计算机中绘画。需要的工具包括计算机、绘图板，如图 2-1 所示。

图 2-1
绘图板和计算机的工作组合方式

数字绘制方式又被称为无纸动画制作，该方式要比在纸上创作快捷很多。首先，它淘汰了传统二维动画制作中的扫描过程；其次，省略了去脏点的工序。这两道制作流程均是耗时耗力的工作。无纸动画大大提高了我们制作动画的效率，更为重要的是，数字绘制方式“所见即所得”，画出的线稿便是最终样式，而传统手绘动画则需要经过扫描等步骤进入计算机，其轮廓清晰度和浓淡多少会发生一定的变化或损失。所以，数字绘制方式渐渐取代传统手绘制作方式是大势所趋。

2.2　画幅大小

动画稿画幅的大小取决于最终动画的传播和放映平台。大致分为三种常见情况。

1. 电影

传统的电影因为是胶片拍摄、拷贝放映，是模拟概念而非数字概念，所以无所谓分辨率。而在数字技术参与到电影尤其是动画制作当中后，分辨率便是我们必须知晓的事情。由于电影的规格很多，有宽银幕、超宽银幕、IMAX 等，分辨率也从 2K 到 4K 甚至更高不等，所以无法给出统一数值。对于一般的短片创作，如果要参加电影节（即有可能在影院播放或者要转成胶片），则至少要达到高清的分辨率——1920 × 1080 像素。这就要求我们在绘制时便达到一定的画面大小。

2. 高清晰度电视

高清晰度电视是相对于标准清晰度的电视（分辨率 720 × 576 像素，基本已经淘汰）而言的。高清的分辨率是 1920 × 1080 像素。所以如果动画片的播放平台是高清设备，那么绘制画稿的大小和上面介绍的电影最小规格是一样的，这里就不再赘述。

在数字绘制方法中，对于高清格式，在绘图软件中新建画稿的大小就设置为 1920 × 1080 像素，图 2-2 是在 Adobe Photoshop 中新建文件预设下拉菜单中的高清选项。

3. 其他规格影像

由于播放平台种类的不断丰富，绘制大小比例也不拘一格，比如手机短视频、巨型屏幕、楼宇电视、街头的异型广告屏幕等，图 2-3 所示是北京某商场前的巨型屏幕。

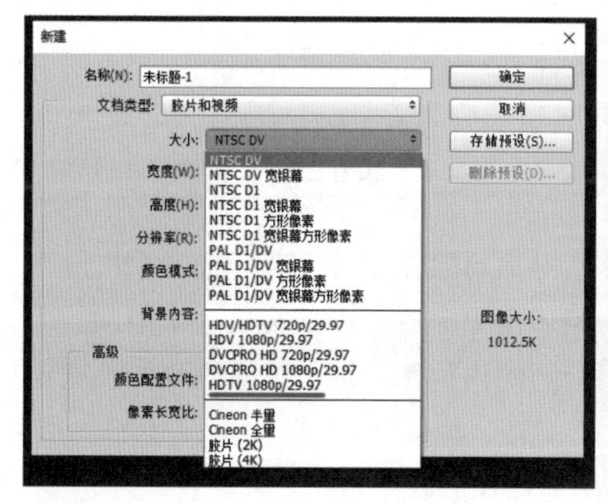

图 2-2
高清选项

图 2-3
巨型屏幕（屏幕垂直向下）

2.3 画幅长宽比

我们常常看到油画、国画以至于插画、漫画，有各式各样的画幅比例和长宽比，甚至只要作者喜欢，做成圆形画面、多边形画面都可以，如图 2-4 所示。

图 2-4
构图和画面自由的绘画作品

但影视作品不是绘画作品，影片中的内容不得不局限在银幕、荧屏或者手机屏幕内。也就是说，我们的画稿必须在某个比例的矩形框中完成，不准突破这个限制。所以这是一个不小的挑战：所有的镜头必须在一个画幅内构图。那么这个画幅的长宽比究竟是多少呢？

动画稿画幅的长宽比同样取决于最终动画的传播和放映平台。

- 电影的规格较多，长宽比不尽相同。对于短片创作，我们一般将电影的长宽比统一成一个数值——16∶9。即所有的画稿都要在一个 16∶9 的规格框内完成。

- 高清晰度电视的长宽比同上。
- 手机中播放的短视频长宽比，可以随不同手机尺寸而不同。通常而言，典型的竖构图视频比例为 9 ∶ 16。

2.4　数字绘制细节

- 尽量保证软件中线稿为封闭区域，以便填充上色时不会颜色溢出。所以，一般情况下，动画线稿的线条要求为“匀、准、挺”，线条封闭，如图 2-5 所示。但是，如果采用非平涂填充的上色方式（如在 Photoshop 中用手绘填充的方式，或 TVPaint Animation 中用特殊笔刷绘制色彩，如水粉效果、水彩效果、蜡笔效果等），则不受线条是否封闭的影响，线条形态也可富有个性，不必一味遵循“匀、准、挺”的规则，图 2-6 所示为 Photoshop 手绘上色动画《勇敢的男生》截图。

图 2-5
线条“匀、准、挺”

图 2-6
《勇敢的男生》截图

- 一般情况下，大多数二维动画片的角色采用描线平涂的画面风格。这可能是许多初学者（尤其是从绘画领域转向动画制作领域的人们）最易迷惑的地方：这样的画面不嫌单调和缺乏变化吗？他们更愿意用带有手绘风格的画笔来为动画角色上色（见图 2-6）。但是，考虑到动画的工作量，尤其是商业动画片，我们必须在画面质感和工作效率之间做出抉择，而答案往往是后者。事实上，大量具有很高艺术造诣的优秀动画片也是采用描线平涂的方式制作，这并不妨碍它们成为艺术精品。许多情况下，如果背景绘制足够丰富和具有质感的话，角色本身是否采用具有纹理和质感的绘画手段并不是特别重要；换句话说，一般情况下，如果不是追求特殊的画面效果和艺术表现手段，要想让画面看起来丰富具有层次，采用的方法是——较为精美的手绘背景，角色动画描线平涂，图 2-7~ 图 2-9 所示便是几部应用此类技术手法的顶级动画制作。

图 2-7
动画片《恶童》剧照

图 2-8
动画片《美丽城三重奏》剧照

图 2-9
动画片《埃及王子》剧照

2.5 选择软件绘制

1. 动画角色绘制

对于初学者而言，时常困惑于应该在什么软件中绘制动画稿。其实选择有很多，比如 PS、SAI、Procreate 等。本书将以 TVPaint Animation 为主讲授动画绘制方法，由于其出色的透写台功能和丰富的笔刷选择空间，在绘制动画角色线稿及塑造角色动作方面，具有非常明显的优势。

2. 动画背景绘制

根据背景的风格可以选择在不同的软件中绘制，对于不太复杂的背景，可以直接在 TVPaint Animation 中绘制；对于绘画感较强的、需要强大功能的背景绘制，可以在诸如 Photoshop 等专业绘图软件中完成。

在视觉表现方面，在二维动画中，背景的绘制风格相对动画层要复杂一些，因为如果和动画层一样采用描线平涂的上色方式则整个镜头画面会显得简单缺乏变化（特殊风格例外）。所以，一般的背景采用手绘风格的居多，与动画稿相比，背景更像是一幅绘画作品，如图 2-10 所示。

对于固定镜头，背景的大小一般就设定 1920×1080 像素即可；但在运动镜头中，背景的画幅大小比例与该镜头的动画稿便不一样了。比如在纵向的移镜头中，背景则要被绘制成为纵向较长的画幅。其长度根据此镜头纵移的范围决定，如图 2-11 所示。

图 2-10
动画片《恶童》的场景

图 2-11
一个纵移镜头的背景

如果是斜移，则背景应该具体情况具体对待，图 2-12 所示是一个简单的斜移，理论上只需画出镜头覆盖区域内的背景内容，灰色部分其实不需要绘制。

如果是推拉镜头，则背景需要绘制的大一些，具体的大小应根据推拉的范围决定，但始终记住一个要点：推拉过程中的最小画幅（离拍摄物体最近的画面）要保证足够的清晰度，即高清的 1920×1080 像素分辨率。应该尽量避免大范围的推拉，因为即使保证了清晰度，也会因为线条在推拉过程中粗细变化过大而影响画面效果。

图 2-12
斜移的背景

如果是摇镜头，则需要绘制出特殊的背景透视效果。具体的讲述请参见后章中的内容。

2.6 逐帧动画绘制

当代的二维动画制作方式，一般分为逐帧绘制动画和补间动画两种。

逐帧绘制动画是最古老最经典的二维动画制作方式。需要将时间以帧作为计量单位，在不同的帧中绘制不同的画面。在逐帧播放的状态下，不同帧画面会形成连续运动的影像。由于作者亲自绘制每一帧图像，因此对动画的灵活性和细腻的动作，拥有较高的控制力，从理论上讲，逐帧动画几乎可以表现任何想表现的内容。当然，逐帧动画需要耗费大量的人力和物力，属于成本较高的动画制作方式。

补间动画则是在计算机技术发展成熟后出现的一种制作方式。其最重要的特征是，只需要为动画制作两个关键帧，计算机会自动生成关键帧之间的中间画。因此，在制作诸如缩放、位移、旋转、变形等两个关键帧间的动画时，补间动画可以起到很大作用。一般情况下，补间动画用来制作动画片中的不涉及透视变化的运动，但也有全片采用补间动画为主要制作方式的“片状动画”，如《小猪佩奇》。

在本章中，我们将以逐帧动画绘制为例，介绍关于 TVPaint Animation 的相关功能。在第 4 章中，我们会介绍 TVPaint Animation 如何制作补间动画。

2.6.1 绘制动画线条

由于绘图功能是数字动画创作非常基础且前端的应用功能，因此本节以 TVPaint Animation 为制作软件，重点介绍如何运用线条和笔刷去勾勒基础线稿。

第一步：参照前章中关于创建项目的过程，创建 1920 × 1080 像素画幅、24 帧 / 秒速率的动画项目。将时间轴拖动至第 34 帧，作为该组动作的时长范围。选择时间轴中的第 1 帧，在绘图工具栏中找到“主面板”(默认位置在绘图工具栏最上方)。其中，曲线图标为手绘线条功能。用鼠标右击图标，即可出现曲线工具的子级选项，包括“点描”“虚线”“描边”和“填充描边”等。通常情况下，“描边”是绘制线稿阶段的主要工具，如图 2-13 所示。

第二步：在确定好线条工具后，需要设定线条颜色及笔刷属性。在绘图工具栏中找到“颜色面板”，在“调色盘”中选择黑色，如图 2-14 所示。在下方面板中选择钢笔工具，调整“尺寸”“强度”和“不透明度”等笔刷参数，如笔刷“尺寸”为 3，“强度”为 100%，如图 2-15 所示。

在绘制过程中，如需修改线条，可以选择“橡皮擦”工具，如图 2-16 所示。该工具可以擦除画面中绘制的线条及颜色。值得注意的是，在 TVPaint Animation 中，任何笔刷皆具有绘制和擦除的功能。在“钢笔”工具中，其绘图属性（蓝色区域）为“颜色”，即其所绘制的区域会以选中的颜色作为绘笔颜色。在“橡皮擦”工具中，其绘图属性（蓝色区域）为“消除”，即其所绘制的区域会消除绘笔颜色，如图 2-17 所示。因此，可通过调整不同笔刷的“颜色”和“消除”选项，来达到更为精细化的绘制效果。

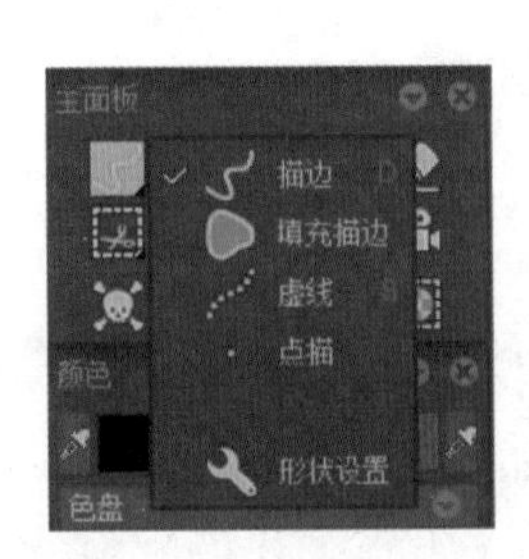

图 2-13
主面板中的描边功能

图 2-14
绘图工具栏中的颜色面板

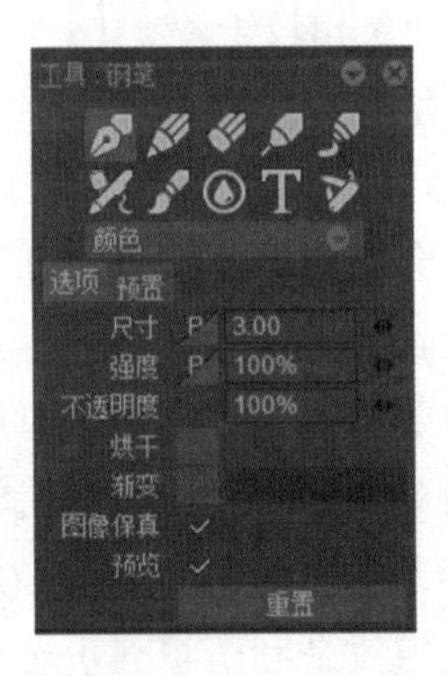

图 2-15
绘图工具栏中的笔刷面板

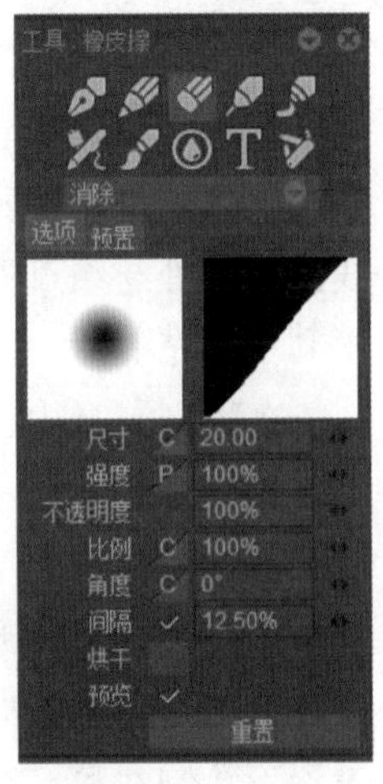

图 2-16
笔刷面板中的“橡皮擦”工具

第三步：进行动画线稿创作，我们发现通过绘图板绘制的画面，其线条抖动非常明显，如图 2-18 所示。这也是数字艺术创作中经常出现的问题。在 TVPaint Animation 中，可通过“线光顺”功能来使手绘线条减少抖动、趋于稳定。

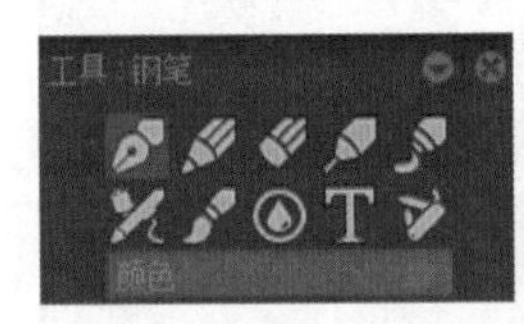

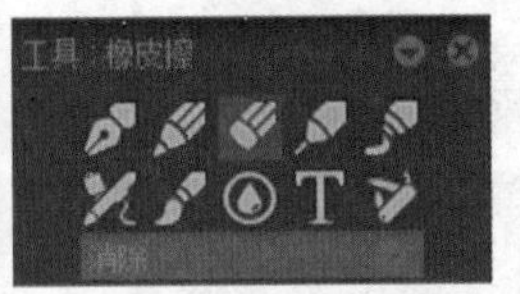

图 2-17（左）
“钢笔”工具和“橡皮擦”工具中的属性设置

图 2-18（右）
线条抖动强烈的动画线稿

在菜单工具栏中选择“窗口”→“绘制”→“线光顺”命令，如图 2-19 所示，即出现“线条平滑化”面板，选中“激活线条平滑化”和“实时”选项，调整平滑参数值，如图 2-20 所示。在此设置下，重新勾勒线稿，即可绘制出流畅优美的线条，如图 2-21 所示。

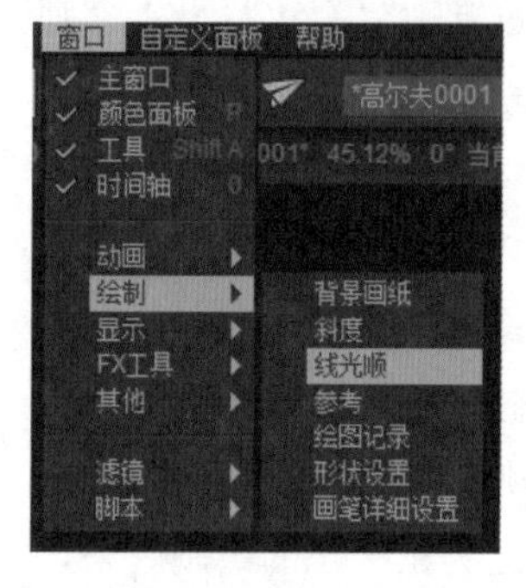

图 2-19
开启“线光顺”功能

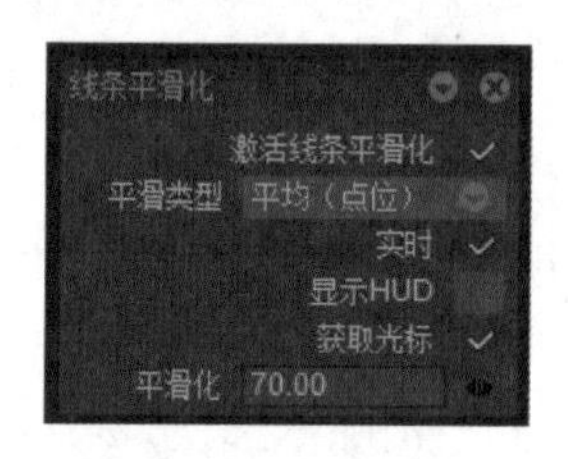

图 2-20
“线条平滑化”面板中的属性设置

图 2-21
在“线条平滑化”模式下绘制的动画线稿

至此，我们发现线条相较于图 2-18 平顺许多。但是，线条并非连贯实线，而是在线条起始处与结束处呈现出具有明显压感的虚化效果，压感线条虽颇具风格特征，但不利于填充上色，因此我们需要在线条工具中去除压感。

在笔刷工具中，会有“尺寸”及“强度”的参数选项，其中蓝色区域为“尺寸”与“强度”的属性设置，默认为开启“笔压（P）”，由字母 P 标识，如图 2-22 所示。“笔压”即手绘软件中的压感程度，其直接影响线条的粗细程度。

长按标识即出现该功能的子选项，如图 2-23 所示，将“尺寸”与“强度”的属性设置调整为“常数（C）”，即可取消画笔在画面中的笔压效果，如图 2-24 所示。在此设置下绘制线稿，线条便是利于填充上色的连贯实线，即达到便于上色工作的“匀、准、挺”要求，如图 2-25 所示。

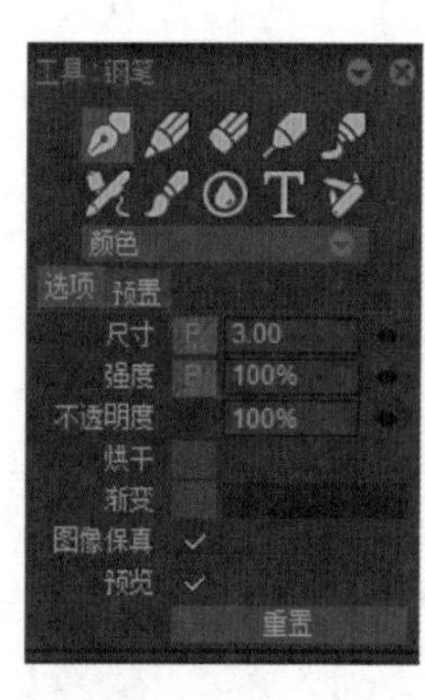

图 2-22
笔刷工具的尺寸与强度属性为“笔压（P）”

图 2-23
修改笔刷工具的尺寸与强度属性

反转(-)
设定档编辑器
常数(C)
速度(S)
方向(D)
方位(O)
淡化(F)
随机(R)
笔压(P)
高度(T)
方位角(A)
旋转(TW)
自动拨号盘 01(F1)
选项...

图 2-24
将笔刷工具的尺寸与强度属性设置为“常数（C）”

图 2-25
在笔刷尺寸及强度属性为“常数（C）”模式下绘制的动画线稿

2.6.2　透光台功能

在二维动画的绘制中，需要根据前后画面来进行当前画面的绘制。TVPaint Animation 的“透光台”工具，可让作者在绘制角色线稿的同时，观察到前帧与后帧的透写效果。

打开“快捷工具栏”中的“透光台”工具，即图 2-26 中的蓝色区域，弹出“透光台”面板，该面板有左右对称的两个区域。左侧区域为前帧透光设置区域；右侧区域为后帧透光设置区域。其中左侧色块为绿色，意味着前帧在画面中以绿色透光效果呈现；右侧色块为红色，意味着后帧在画面中以红色透光效果呈现。在色块区域下侧，有自中间向两侧顺序排列的数字模块和滑标。单击两侧的数字模块 1，即开启前后帧的透光效果，调整滑标的上下位置，意味着调整透光效果的透明度，如图 2-27 所示。

图 2-26
快捷工具栏中的“透光台”工具

在线稿图层中，单击灯泡图标下方的按钮，即图 2-28 中的蓝色区域，开启该图层的“透光台”效果。下一帧中，画面会呈现出前帧的透光效果，即前帧中所绘制的画面以绿色半透明的效果透显在当前帧中，如图 2-29 所示。此时可以依据透光效果，在当前帧中绘制接下来的动作线稿。

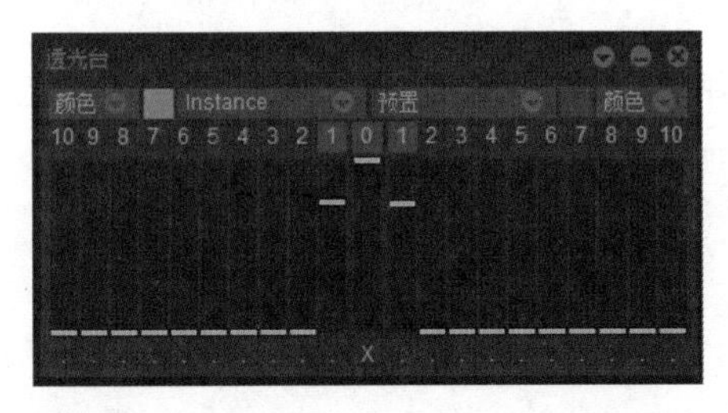

图 2-27
“透光台”面板

图 2-28
图层面板中的“透光台”功能开启按钮

图 2-29
预览画面中所透显的前帧线稿效果

当参考前帧动作进行绘制，并以此步骤将动画全部动作完成时，时间轴呈现如图 2-30 所示的效果。当选择时间轴中间的一帧时，预览画面中，会出现黑色当前帧线稿、绿色前帧线稿和红色后帧线稿，如图 2-31 所示。如果想通过“透光台”功能预览前后更多帧的透光效果，则需要单击“透光台”面板中的前后数字模块，并调整滑标位置，在“透光台”面板中，点亮左右数字模块中的 1~4，并调整滑标位置，如图 2-32 所示。在预览画面中，便可看到前后四帧逐级降低透明度的透光效果，如图 2-33 所示。

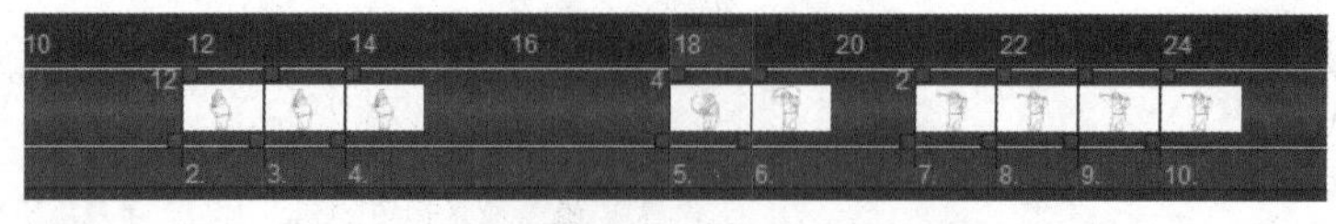

图 2-30
选择时间轴中的中间帧

图 2-31
包含黑色当前帧、绿色前帧及红色后帧的透显效果

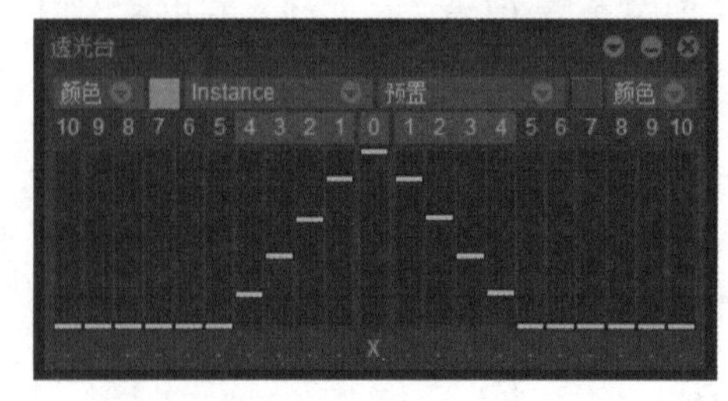

图 2-32（左）
开启前后四帧透显效果的“透光台”面板

图 2-33（下）
开启前后四帧的透显效果

基于上述功能，可以利用绘图工具绘制动画角色线稿，创造不同的线条效果，并运用“透光台”功能在时间轴中逐帧绘制流畅的角色动作。至此，动画绘制的基本功能得以实现。但是，以上介绍仅仅是以打球案例来介绍这几个常用功能，那么具体这个打球动作是如何设计并且一步步绘制出来的呢？如何处理角色动作的间隙及停顿？又如何控制角色动作的快慢与缓急？以下将对此案例的绘制进行讲解。

2.6.3　动作设计

以迪士尼动画为例，二维动画的动作设计在保障角色动作真实可信的基础上，可适度增强夸张化、戏剧化的视觉效果。其源头可追溯至戏剧表演技巧中。查理 · 卓别林（Charlie Chaplin）曾将表演动作分解为三个步骤：告诉观众你正打算做什么；做出来；告诉观众你做完了。[①] 其中，“告诉观众你正打算做什么”在动画运动规律中体现为“预备动作”，一般在“起始动作”之后出现；“做出来”在动作节奏设计中需要展现“预备动作”至“极端动作”间的过程，在动画绘制中，会在其间设计“过渡动作”作为关键帧；“告诉观众你做完了”则需要体现出由“极端动作”至“结束动作”间的恢复过程。

举例说明，图 2-34 是一组男子惊讶地向画面右侧张望的分解动作。此组动作由四帧关键动作构成框架（在第 2、3 帧间也可加入“过渡动作”），以自左向右的顺序，第 1 帧为“起始动作”，基本不呈现运动状态。第 2 帧为“预备动作”，男子似乎听到声音，将头低下，身姿呈现向左下方压缩的趋势。第 3 帧为“极端动作”，男子将头用力探向右侧，表情及姿势呈现出此组动作最极端化的状态。第 4 帧为“结束动作”，男子动势较“极端动作”趋于缓和并逐渐停滞于动作结束位置。

四帧关键动作中，我们可以看到“预备动作”与“极端动作”间的明显对比，且此对比程度越强，角色所呈现的动势也越剧烈。

在传统二维手绘动画的制作过程中，导演为把控角色动作节奏，会使用摄影表对每幅画稿的拍摄张数进行统筹规划，以精准地演绎角色动作节奏，如图 2-35 所示。因

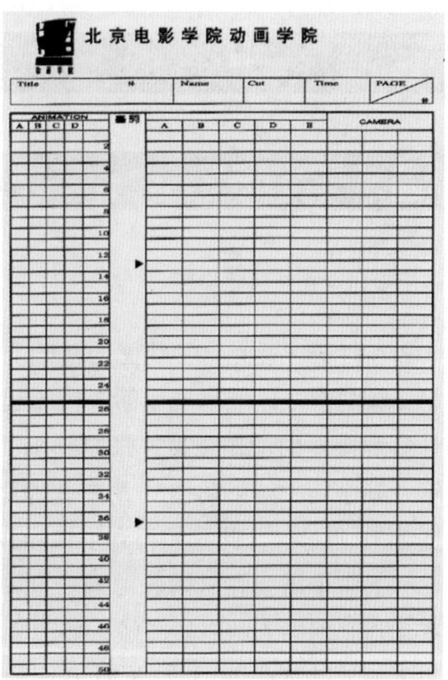

图 2-34（左）
关键动作分解图 [②]

图 2-35（右）
动画摄影表

① 理查德 · 威廉姆斯 . 动画师生存手册 [M]. 邓晓娥，译：北京：中国青年出版社，2006：274.
② 理查德 · 威廉姆斯 . 动画师生存手册 [M]. 邓晓娥，译：北京：中国青年出版社，2006：285.

此，通过摄影表即可了解角色动作的变化，如变速运动、停顿等。如每秒 24 帧的动画，称为“一拍一”。也可以每秒制作 12 帧画面，在不影响观感的情况下，节省大量制作成本，这种方式被称为“一拍二”。由于动作阶段不同，速度、节奏不同，在一组完整动作中，会出现“一拍 n”多种方式并存的情况，摄影表则可有效地记录不同的拍摄张数，并使其直观呈现于动画制作者眼前。

随着计算机技术的不断发展，多数动画制作类的软件将摄影表的诸多功能融入时间轴中。在形式上，传统摄影表展现出纵向的帧数排列，而时间轴则呈现横向的帧数排列。如前所述的摄影表功能，均可在计算机操作中以时间轴的方式设置，并且可根据预览效果直接进行调整与修正。下面将以 TVPaint Animation 为例，介绍如何绘制这段打高尔夫球的动作。

2.6.4 原画和动画

当我们绘制一段动作的时候，通常不会按顺序来绘制，而是先找到这个动作的最重要的关键帧，即“原画”，在原画确定后，再根据原画绘制中间的“动画”。这样的好处是对动作的把控较强，不会出现走形跑偏的情况。在本例中，最重要的两个画面应该是开始和结束的动作状态，所以，首先绘制“起始动作”的原画。通过拖曳蓝色标记处的位置，将这张原画拉伸至第 35 帧。即框定该组动作的具体时间范围，如图 2-36 所示。

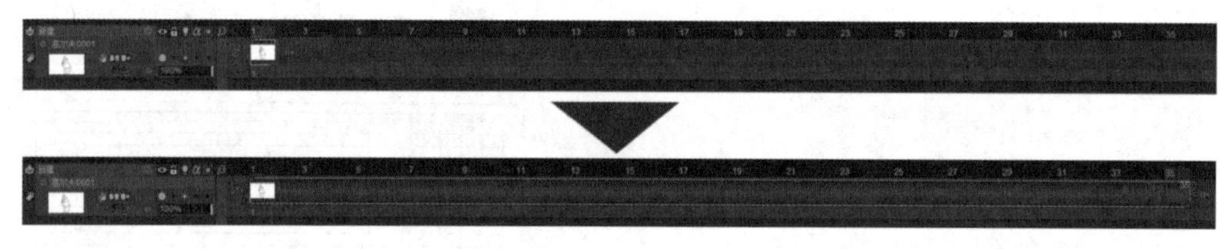

图 2-36
基于动作设置时间轴长度

在打开“透光台”功能的基础上，将第 2 帧删除，即可新建空白帧图像。此时在第 2 帧的空白区域呈现出第 1 帧（起始动作）的绿色透显效果，即男子手持高尔夫球杆蓄势待发的动作（第一张原画），如图 2-37 所示。这时可以参考“起始动作”，在第 2 帧绘制“结束动作”（第二张原画），即男子将高尔夫球杆挥动完毕后的动作，如图 2-38 所示。至此我们得到了该动作的两张原画。

下一步需要在这两张原画中间添加“动画”。在时间轴中的“起始动作”和“结束动作”间插入空白帧图像，如图 2-39 所示。在这一空白帧中，我们需要绘制可承上启下的“过渡动作”，如图 2-40 所示。

在开启“透光台”功能的情况下，选中空白帧时，预览画面会出现红绿两种颜色的透显效果，红色为“结束动作”，绿色为“起始动作”。根据这两张原画绘制中间的

图 2-37
新建空白帧图像并打开“透光台”

图 2-38
基于“起始动作”绘制“结束动作”

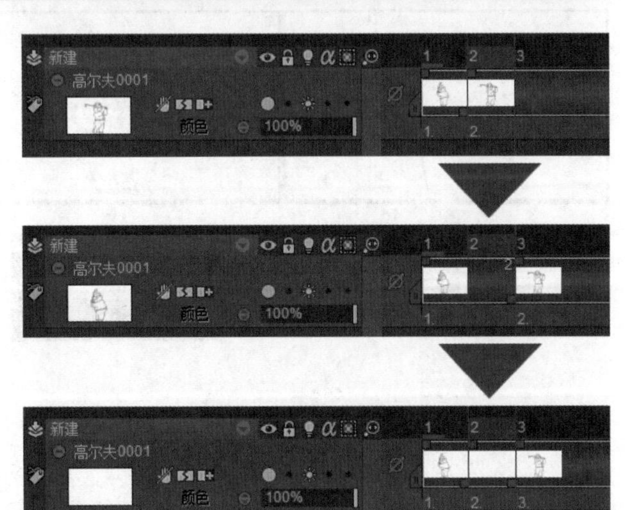

图 2-39
在“起始动作”和“结束动作”间插入空白帧图像

图 2-40
在空白帧图像中构思“过渡动作”

“过渡动作”，即男子挥舞球杆的中间画，如图 2-41 所示。至此，在时间轴上得到 3 帧关键动作，即第 1 帧“起始动作”(原画 1)、第 2 帧“过渡动作”(动画)和第 3 帧“结束动作”(原画 2)，如图 2-42 所示。播放预览画面，已可呈现男子挥动球杆的基本动作了。

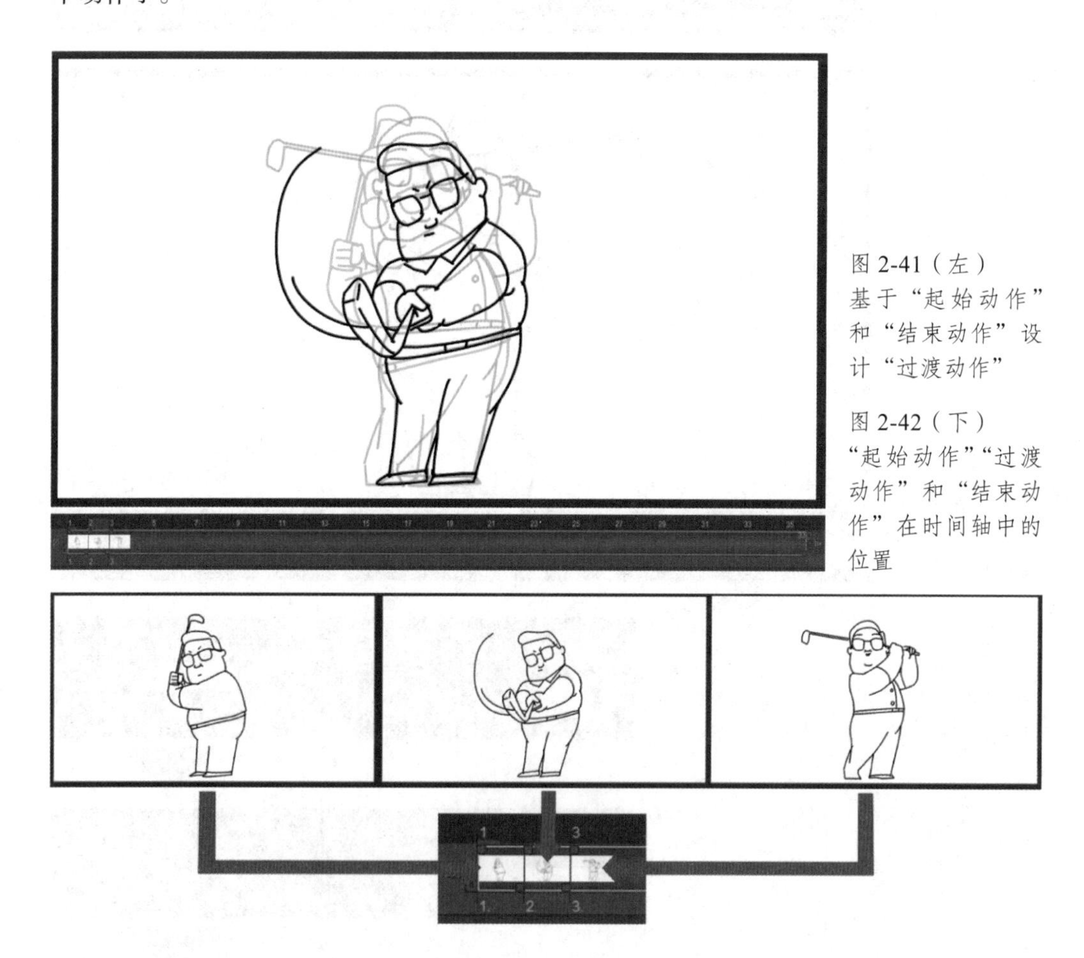

图 2-41（左）
基于“起始动作”和“结束动作”设计“过渡动作”

图 2-42（下）
“起始动作”“过渡动作”和“结束动作”在时间轴中的位置

2.6.5 预备动作和强调动作

在 2.6.3 小节中提到，动作节奏需要有“预备动作”使其生动流畅。因此，这里需要针对动作运动的方向，在其相反方向绘制“预备动作”。男子挥动球杆的方向，在画面中应由右至左。那么在设计预备动作时，应该基于起始动作，设计与主体动作相反的运动方向动作，即男子先由左至右挥动球杆一小段距离，如图 2-43 所示。

同理，在动作完成前，需要“极端动作”来加强动作呈现的力度。“极端动作”应该是延续主体动作的方向，然后逐渐恢复于“结束动作”，如图 2-44 所示。

因此，在时间轴中的“起始动作”和“过渡动作”之间插入一个空白帧图像；在“过渡动作”和“结束动作”之间插入一个空白帧图像，如图 2-45 所示。分别绘制“预备动作”和“极端动作”，即可得到如图 2-46 所示中的 5 张画面。

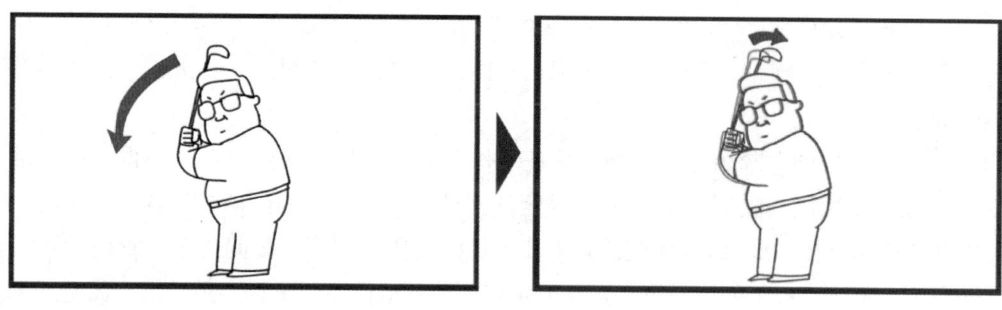

图 2-43
设计“预备动作”

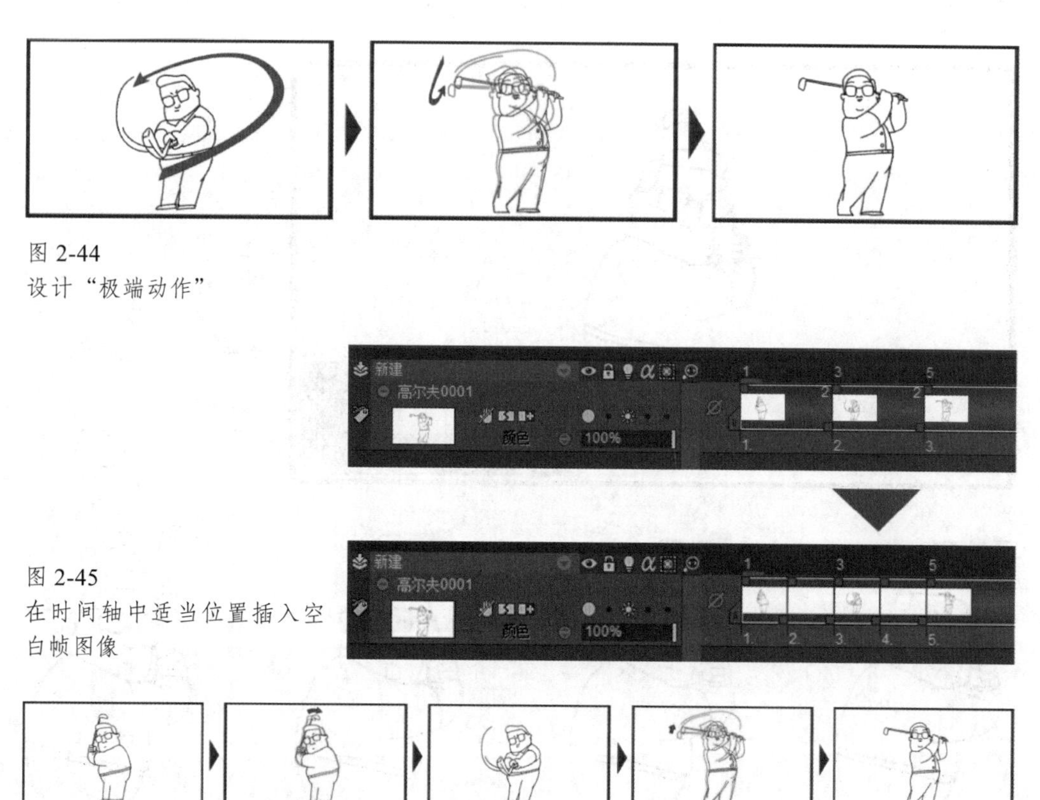

图 2-44
设计“极端动作”

图 2-45
在时间轴中适当位置插入空白帧图像

图 2-46
在空白帧位置绘制“预备动作”和“极端动作”

2.6.6 缓冲动作

这五张画面已经支撑起本组动作的“骨架”，播放预览画面也已经可以初见动作的雏形，下面进一步添加动作细节。依据日常经验，挥舞球杆时动作力度较大，因此动作速度很快，其结果是用时较短，在时间轴上的体现是其所占用的帧数较少。因此，从“预备动作”（画面 2）发力，球杆位置经过“过渡动作”（画面 3）后，达到“极端动作”（画面 4）的位置，这一过程应用尽量少的帧数表现。所以，这三个关键帧间不再需要添加中间帧。

在“起始动作”（画面 1）至“预备动作”（画面 2）阶段，和“极端动作”（画面 4）至“结束动作”（画面 5）阶段，需要添加动画，以使动作放缓。这一进程中，就涉及缓冲动作。

在时间轴中的“起始动作”和“预备动作”之间，插入两张空白帧图像，依据透显效果绘制中间画，如图 2-47 所示。值得注意的是，中间画中的球杆位置，并非居于前后两帧的中割线上。具体来说，第 1 帧（起始动作）与第 2 帧间位置差距较大，第 2 帧与第 3 帧位置差距缩小，第 3 帧与第 4 帧（预备动作）间位置差距最小，甚至近乎重合。在播放预览画面时，我们看到男子手中的球杆，向右微微运动，而运动的幅度是由快至慢一个减速运动，这便是缓冲动作在动画中呈现的效果，如图 2-48 所示。

图 2-47（左）
在“起始动作”与“预备动作”间绘制中间画

图 2-48（下）
“起始动作”与“预备动作”间的缓冲动作

2.6.7 跟随动作

如前文所述，在“极端动作”至“结束动作”阶段，仍需要添加中间帧，以使动作放缓。这一进程中不仅出现了缓冲动作，还出现了跟随动作。

在“极端动作”和“结束动作”之间插入 3 个空白关键帧，如图 2-49 所示。绘制过程中需要注意，“极端动作”作为这一阶段的第 1 帧，球杆的运动方向自上至下，而肚子上的皮带扣随着肢体的伸展呈现自下至上的运动方向（角色大肚子的运动滞后于肢体的动作），这便是皮带扣跟随身体所产生的跟随动作。在绘制第 2 帧时，需参考前帧动作方向进行反向动作绘制，即球杆的运动方向为自下而上，皮带扣的运动方向为自上而下。以此类推，跟随运动伴随着缓冲运动，动作幅度逐帧减弱，并最终趋近于结束动作，如图 2-50 所示。

图 2-49（右）在“极端动作”和“结束动作”间绘制中间画

图 2-50（下）“极端动作”和“结束动作”间的跟随动作

2.6.8 停顿与节拍

当所有动作帧绘制完毕后，需要从整体角度规划动作节奏，如图 2-51 所示。如前文所述，挥舞球杆的速度很快，因此仅用 3 帧足以表现（图 2-51 中第 7~9 帧）；在“预备动作”开始后，男子体现出蓄势待发的状态，因此，蓄力的时间导致需要将此帧的节拍拉长（图 2-51 中第 4~7 帧），故将该画面设置为“一拍四”；在“极端动作”结束后，需要让男子动作停顿一下后进入结束动作，因此，停顿的时间导致需要将此帧的节拍拉长（图 2-51 中第 9、10 帧），我们将该画面设置为“一拍二”。

当播放预览动画时，可以看到具有明确节奏变化的动画动作。在 35 帧的时间轴总体规划中，将“起始动作”定格 12 帧（一拍十二），将“结束动作”定格 11 帧（一拍十一）。即可得到完整的动画动作，如图 2-52 所示。

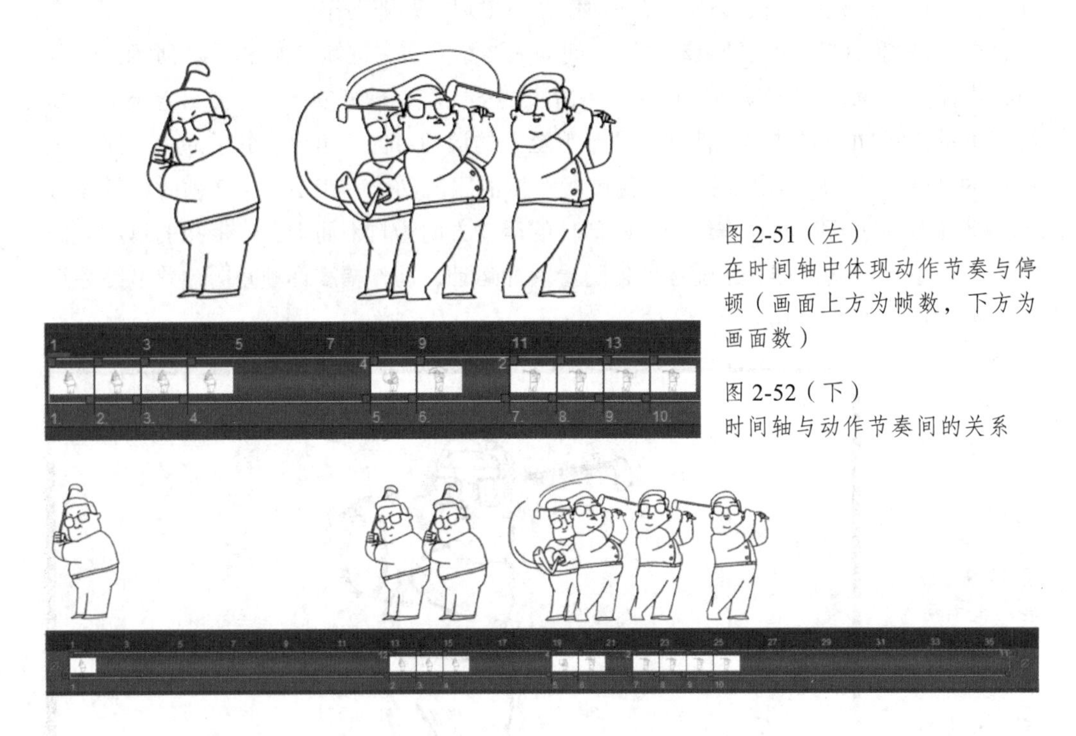

图 2-51（左）
在时间轴中体现动作节奏与停顿（画面上方为帧数，下方为画面数）

图 2-52（下）
时间轴与动作节奏间的关系

2.7　TVPaint Animation 的其他绘制功能

在笔刷选择方面，TVPaint Animation 拥有较为丰富的选择空间。选择菜单工具栏中的“自定义面板”→ Tool Presets v3 命令，如图 2-53 所示。开启 Tool Presets v3 面板，即可看到多种多样的笔刷选择，如图 2-54 所示。此外，还可从官网及软件论坛中下载笔刷插件，拓展笔刷的选择空间。

此外，TVPaint Animation 还拥有强大的自定义笔刷功能，即可设计具有作者风格的独特笔刷。此功能拓展了动画制作的主观能动性，使笔刷线条的选择更为灵活丰富。用线条工具在绘图窗口画一株野草，如图 2-55 所示。选择绘图工具栏中的“主面板”→“切割笔刷”工具，如图 2-56 所示。调整其属性为“复制”，并圈选绘图窗口中的野草，如图 2-57 所示。在绘图工具栏中便自动弹出“自定义笔刷”面板，如图 2-58 所示。在此步骤之后，被框选的野草自动创建为笔刷，在绘图窗口随意绘制，即可出现由多组野草笔刷组成的草地场景，如图 2-59 所示。

通过对上述工具的简单介绍，可以发现 TVPaint Animation 在线条与笔刷方面的功能十分强大。作者可根据自身创作风格和工作习惯，对线条属性进行多方面的调整与修改。此外，自定义笔刷功能也很大程度上拓展了动画创作表现力的边界。理想状态下，TVPaint Animation 与 Adobe Photoshop 一样，可直接作为动画绘制的主要工具。

图 2-53
开启 Tool Presets v3 面板

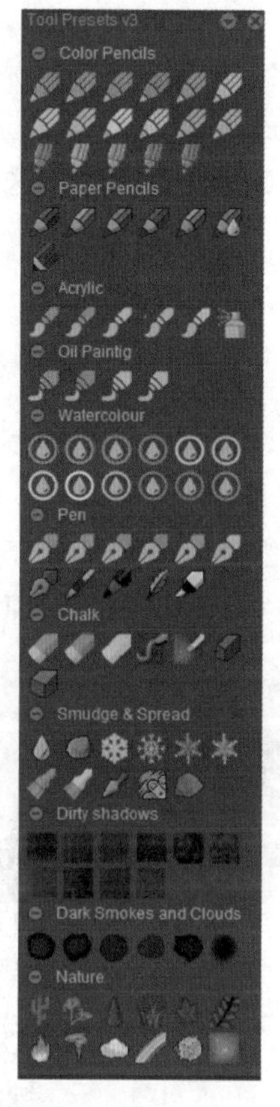

图 2-54
Tool Presets v3 面板

图 2-55
通过线条工具绘制野草

图 2-56
选择“切割笔刷”工具

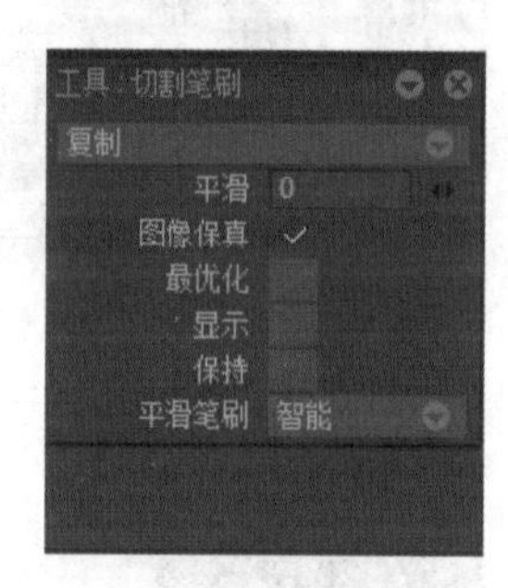

图 2-57
“切割笔刷”面板设置

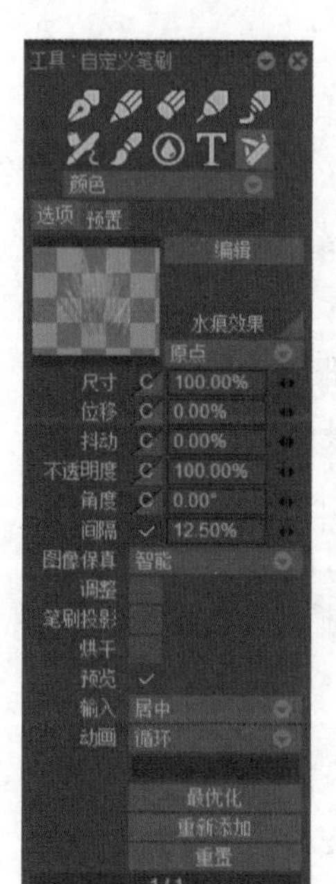

图 2-58（左）
“自定义笔刷”面板

图 2-59（右）
通过新创建的笔刷绘制出的草地效果

2.8 传统手绘方式

尽管本书以数字动画介绍为主，但考虑到部分动画作者仍然习惯在纸上绘制动画，然后扫描到计算机中进行后期编辑，所以在这里简要介绍基于纸上绘制的传统手绘动画需注意的一些要点。

2.8.1 工具

传统的手绘方式必备工具为：定位钉（定位尺）、动画纸、拷贝台（透台、拷贝箱）、铅笔（一般情况下用 2B 的自动笔）、橡皮。绝大多数时候，在动画纸上仅仅绘制线稿，待扫描到计算机中再上色；但也不排除在特殊情况下（如追求特殊效果）使用各种颜料在动画纸上绘制颜色，图 2-60 所示为常用工具。

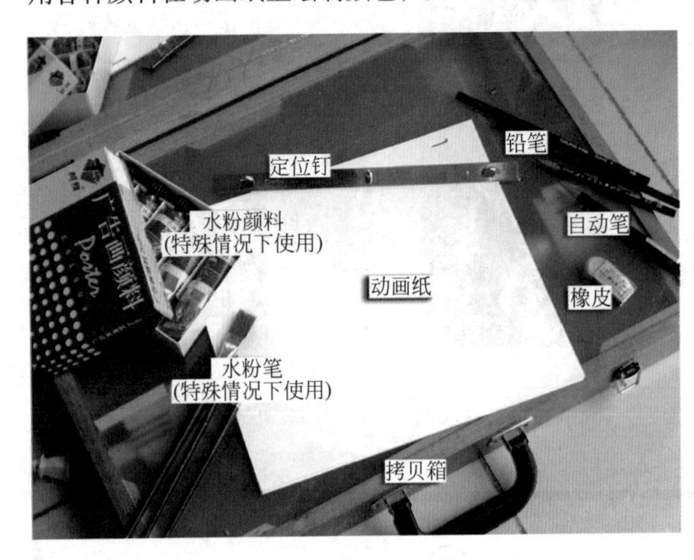

图 2-60
常见传统二维手绘动画工具

2.8.2 绘画细节

- 拿出一张动画纸，用三角尺在上面绘制一个 16∶9 的矩形框（根据影片最终放映平台而定），大小自定（大一些的画幅有利于绘画）[①]。这张纸（只有一个矩形框）便作为这个镜头的规格框。在绘制时，可以将它作为最底层，通过透台可以在绘制原动画时看到它，以保证画稿内容在规格框范围之内。
- 一般情况下，绘制使用 2B 自动铅笔，并且较为用力地绘制在动画纸上，以保证线条足够清晰、颜色深、边缘整齐（保证扫描时线稿清晰）。线条可以很细

① 在胶片拍摄动画时代，有比较严格的规格框要求，规格板上一般印制 12 个规格框线，在不同的情况下应用不同的规格。一个镜头必须使用同一个规格框。6、7 规格适用于特写和近景；7~9 规格适用于中景和全景；10~12 规格适用于远景和大全景。在数字动画制作时代，规格框可以自己定义——只要长宽比符合要求，大小按自己要求制定。

（如 0.5 直径的铅芯），但需要在扫描时增加扫描分辨率。

- 尽量不要涂角色眼睛的黑色或者嘴里的黑色，这会增加计算机的运算量。

2.8.3　扫描

这里只是宏观上介绍绘制和扫描之间的关系。

- 扫描的目的是将画稿数字化，转化到计算机当中，即模拟信号到数字信号的转化。也就是说，扫描不一定是唯一的模转数设备，包括数码相机在内的其他设备也可以在某些情况下作为输入设备。
- 动画的扫描主要是扫描线稿，对色彩、精度没有过高的要求，最大的需求就是速度。所以在大型动画公司中，一般都会配备高速的自动扫描仪，成批量的扫描动画稿。
- 考虑到扫描后的工作，我们在绘制动画时要做到画面干净整洁，线条清晰，尽量避免橡皮的使用。
- 扫描时要保证画稿之间不要错位。使用定位尺的目的，是要让同一个镜头内的画稿在扫描时像绘制时一样保持对位。
- 扫描分辨率一般定义在 150dpi 以上。理论上，越大的画面输出就越需要大的扫描输入。
- 扫描一般采用灰度扫描（有时也会采用黑白扫描），在有彩色铅笔绘制的明暗交界线时用彩色扫描。

一般情况下，对于高清分辨率的画面要求，如果动画纸是 A4 规格，画稿应尽量利用其纸面大小；如果用更大规格的动画纸绘制更大的画面当然更好，但是考虑到个人制作的因素（如扫描仪的扫描画幅、计算机运转速度），在 A4 规格下尽量大的画幅是最佳的性价比，如图 2-61 所示。

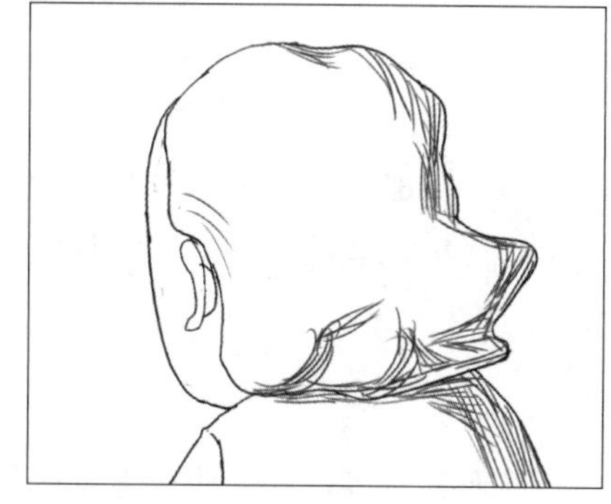

图 2-61
高清分辨率的画稿（A4 动画纸）

课后题

（1）选择一段动画作品视频（不超过 10 秒），运用数字绘制方式进行摹片（只对其中动画层临摹，不需要上色，在 TVPaint Animation 中实现播放）。

（2）选择某动画电影中的某个场景（如宫崎骏电影中的背景），在 Photoshop 中进行临摹绘制。

（3）在 TVPaint Animation 中利用线条工具创造画笔笔刷。

颜色设定和画稿上色

上色功能是 TVPaint Animation 的重要功能，其主要用来实现描线平涂为主的画面上色风格，这也是最为常见的主流动画上色方式。

3.1 颜色设定

前面提到过，在一部动画短片开始进入中期制作之前，我们都要绘制若干幅美术风格设计的画稿，用来确定大概的造型、色彩、气氛等。在开始上色之前，更需要找出这些美术风格设计画稿，定义并创建色板，若有必要还可以绘制较为精确的色彩样张作为参考。一般可以在 Adobe Photoshop 等绘图软件中为人物角色绘制色彩样张，[①] 图 3-1 所示是动画片《禽兽超人》的色彩样张。

色彩样张也可被认为是“色指定”，是角色设计的重要工序。可通过 PhotoShop 等软件的对比度、饱和度、曲线等功能对人物角色进行色彩调整，直到满意为止。在

① 由于二维动画制作的特殊性，绝大多数情况下背景和动画层是分开进行绘制的，即两个工作流程以较为独立方式的运作。直到最后合成阶段，二者才重新合到一起，呈现在一个画面上。基于这样的特点，初学者在制作过程中常常会产生一个问题：动画层和背景单看均没有问题，但是合成到一起之后，会发现两者的颜色并不和谐。所以，在前期阶段两个工序分开之前，必须考虑到这个问题。我们可以选择一张动画稿放在背景画稿之上反复比较修改，由此来定义动画角色的色彩，或者由动画角色的颜色来定义背景的色彩。

图 3-1
《禽兽超人》
色彩样张

色彩样张的人物上色完成之后，可将输出的图片导入至 TVPaint Animation 中，以色彩样张作为角色全部设色的“来源”。

3.2　颜色绘制

3.2.1　设置“调色盘”

色彩样张导入到 TVPaint Animation 中后，选择“主面板”中的“油漆桶”工具，即图 3-2 中的蓝色区域，在“主面板”下方会出现“颜色”面板。“颜色”面板中有左右两个醒目的色块，左侧色块为“当前色”，即当前笔刷的颜色；右侧色块为“备选色”，即制作渐变等特殊效果时需要的颜色。在色块左右两侧有“吸色笔”工具，可以吸取画面中的任意颜色。打开色块下方的子选项，单击“调色盘”选项，如图 3-3 所示。在弹出的菜单中选择“新建调色板”→“利用当前图像创建新调色板”命令，如图 3-4 所示。选取色数，“颜色”面板中便会生成以色彩样张为数据源的“调色盘”，如图 3-5 所示。该调色盘包含色彩样张中的全部颜色，为后续的上色操作提供便利。

图 3-2
“主面板”中的“油漆桶”工具

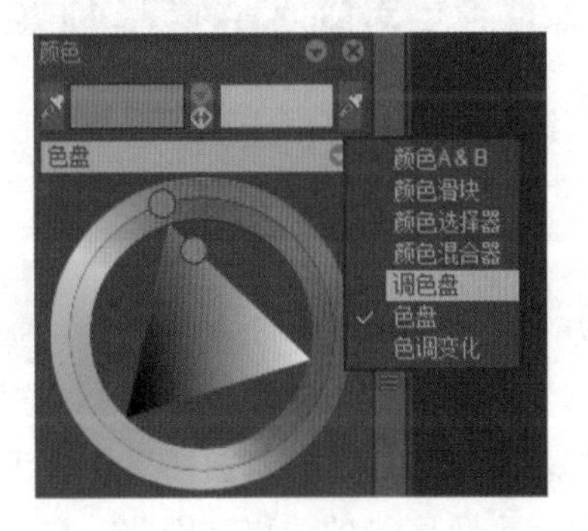

图 3-3
“颜色”面板中的“调色盘”选项

图 3-4
选择“利用当前图像创建新调色板”

图 3-5
以色彩样张为数据源的“调色盘”

3.2.2 画稿上色

第一步：新建图层，命名为“走路 - 线稿”，并依据第 2 章的内容，运用线条工具，绘制出“匀、准、挺”的动画线稿，如图 3-6 所示。接下来，需要将“调色盘”中的颜色填充于线稿勾勒的不同区域内。如果将颜色填充于线稿图层，在后期修改颜色时会不太方便，所以更常见的操作方法是单独创建上色层，使其与线稿相互独立。在修改线稿或颜色时，不会对另一层的内容产生任何影响。

第二步：在线稿层下新建图层，并将其命名为“走路 - 上色”，如图 3-7 所示。后续关于上色的大部分操作，均在本层中完成。

图 3-6（左）
动作线稿

图 3-7（下）
在“走路 - 线稿”层下新建“走路 - 上色”层

第三步：选择“走路 - 上色”层，并再次选择“主面板”中的“油漆桶”工具，在下方“颜色”面板中，有从色彩样张中抽取颜色而形成的“调色盘”，在其中选择贴近肤色的肉色，左侧“当前色”色块也呈现肉色，如图 3-8 所示。在“颜色”面板下方，有“油漆桶”工具的属性面板，默认状态下，“油漆桶”属性面板的“数据源”为“当前图层”，如图 3-9 所示。这意味着利用“油漆桶”工具进行填充时，对于填充的范围、边界，以当前图层作为识别对象。由于当前图层（“走路 - 上色”）中并没有框定上色区域的线稿，因此，在当前层任意位置进行上色都会导致色彩覆盖整个画布，呈现出如图 3-10 所示的效果，显然，这并非正确的上色效果。

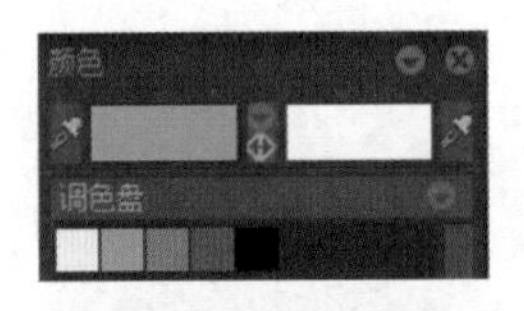

图 3-8
从“调色盘”中选择肉色

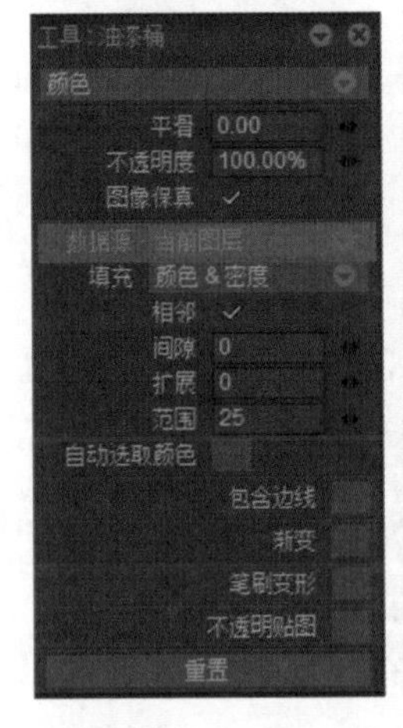

图 3-9
“油漆桶”工具数据源为“当前图层”

图 3-10
数据源为“当前图层”的上色效果

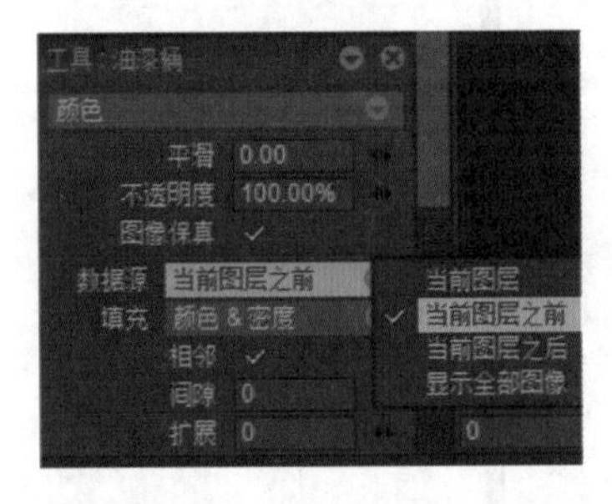

图 3-11
“油漆桶”工具数据源为“当前图层之前”

将“油漆桶”属性面板的“数据源”设置为“当前图层之前”，如图 3-11 所示。这意味着利用“油漆桶”工具进行填充时，对于填充的范围、边界，以当前图层的上一层作为识别对象。由于上一层（“走路 - 线稿”）中有动画线稿，因此，此时上色为正确的方式，呈现出如图 3-12 所示的效果。在此基础上，可将由线稿勾勒的所有肉色区域进行填充，得到如图 3-13 所示的效果。

图 3-12
数据源为“当前图层之前”的上色效果

图 3-13
将线稿勾勒的所有肉色区域进行填充

图 3-14
选择蓝色作为“当前色”

继续填充其他颜色，当选择蓝色作为“当前色”时，之前所用的肉色自动成为“备选色”，如图 3-14 所示。依据之前的方法，可对角色的衣服进行上色填充，如图 3-15 所示。继续为角色的头发、眼睛及裤子上色，最后如图 3-16 所示。

图 3-15
将线稿勾勒的蓝色区域进行填充

图 3-16
将线稿勾勒的所有上色区域进行填充

3.2.3　画稿检查

在得到基本的上色效果后，需要对上色区域进行检查，这是十分必要的环节。在所有图层之下，建立新的图层，并命名为“底色层”，如图 3-17 所示。在选中该图层的基础上，进入“颜色”面板，选择用于检查画面效果的底色。底色的选择需要注意两点：需要与色彩样张中所有的颜色具有较明显的区别；检查底色最好是明度较高的亮色。在此基础上，选择明亮的柠檬黄色为检查底色。先将柠檬黄色作为“当前色”，同时将数据源选择为“当前图层”，如图 3-18 所示。再单击画布中任意位置，由于“当前图层”（底色层）没有任何线稿勾勒的填充区域，所以色彩会覆盖整个画布，得到如图 3-19 所示的效果。可以看到，由于之前填色的底色为白色，所以未察觉角色眼睛部分并未填充。回到上色层“走路 - 上色”进行补充填色，以达角色整体被完全填色的效果，如图 3-20 所示。

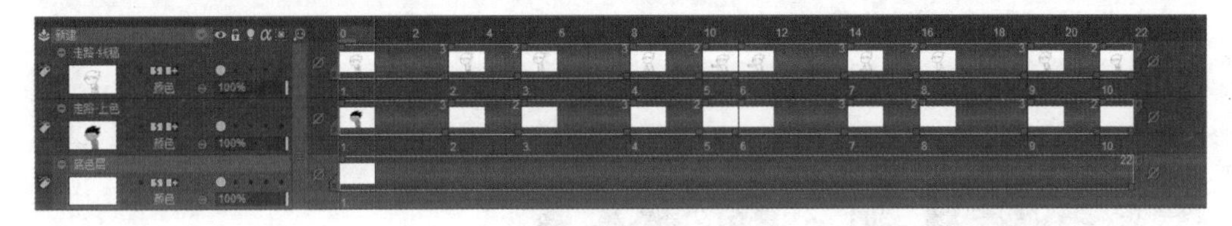

图 3-17
新建“底色层”

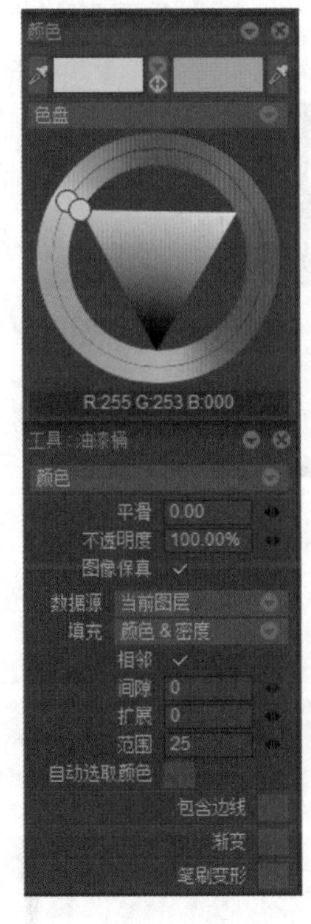

图 3-18
调整“颜色”面板属性

图 3-19
填充“底色层”后检查出的上色遗漏部分

图 3-20
对遗漏部分进行补充填色

3.2.4 逐帧填色

完成单帧的填色工作后，可以进行后续其他帧的填色工作。此时可以选择开启“油漆桶”工具中的“自动选取颜色”功能，如图 3-21 所示。并开启“走路 - 上色”图层的“透光台”功能，即图 3-22 中的蓝色区域。在时间轴中选择下一个需要填色的帧，如图 3-23 所示。此时，画布中呈现如图 3-24 所示中的效果。即前一帧中的色彩，在“透光台”功能的作用下，以绿色效果呈现。

这时不必去“调色盘”中选取不同区域的色彩，而是直接单击前后帧重叠的面部区域，即可将前帧面部区域的肉色，填充到当前帧面部区域中，如图 3-25 所示。在不更换“当前色”的情况下，以同样的方法，直接单击前后帧重叠的头发区域，即可将前帧头发区域的黑色，填充到当前帧头发区域中，如图 3-26 所示。

由此可见，在选中“自动选取颜色”功能，并开启“透光台”工具的情况下，单击前后帧重叠的填色区域，即可完成自动填色的工作。TVPaint Animation 这种特殊填色功能，可极大地提高逐帧填色的工作效率。

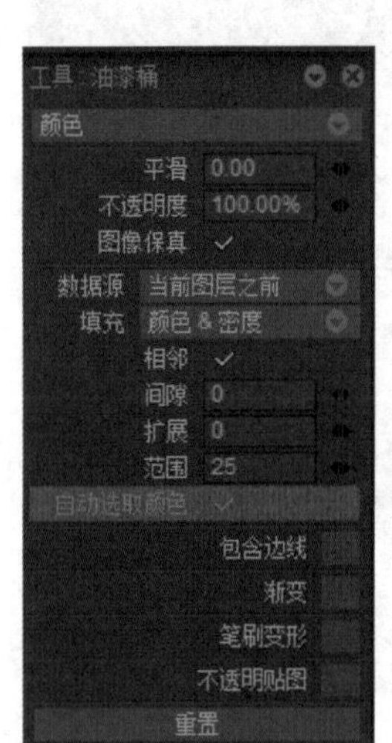

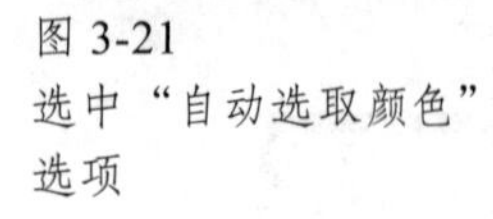
图 3-21
选中“自动选取颜色”选项

图 3-22
开启“走路 - 上色”图层的“透光台”功能

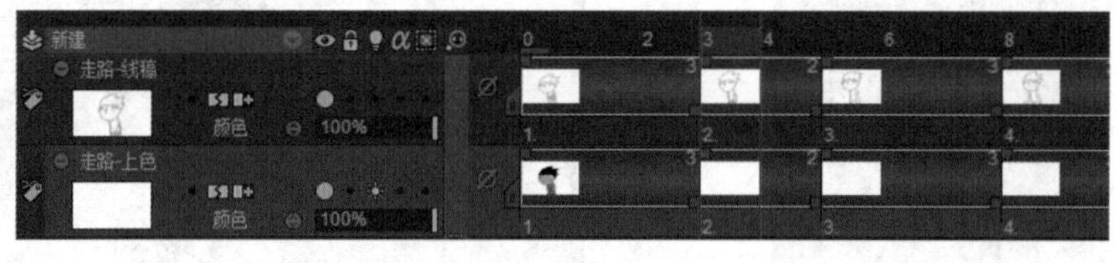

图 3-23
在时间轴中选择下一个需要填色的帧

图 3-24
“透光台”功能下的画布效果

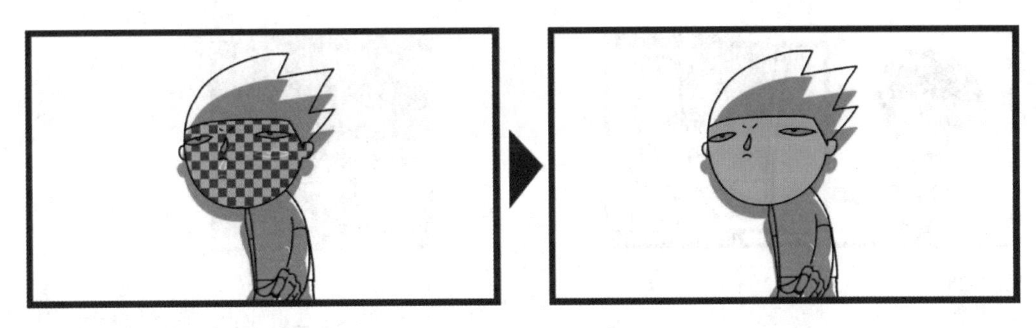

图 3-25
填充角色面部上色区域

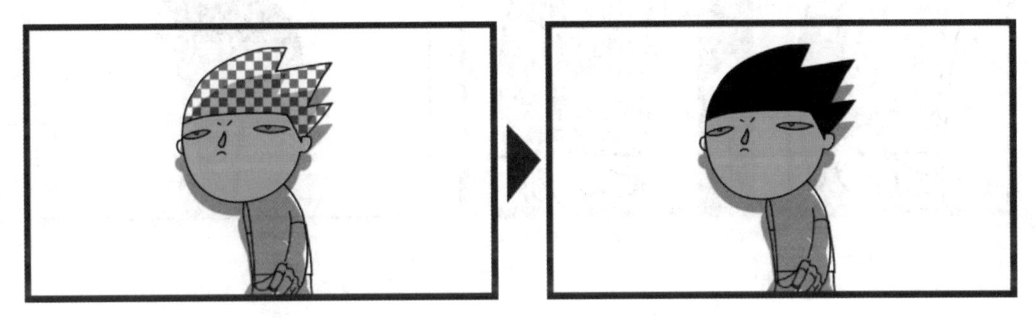

图 3-26
填充角色头发上色区域

3.2.5　闭合缺口填色

动画师在勾勒线稿的过程中，经常出现线稿不闭合的情况，这会导致填色过程中色彩会通过缺口溢出到其他区域。“走路 - 线稿”图层中的角色手臂线条没有闭合，导致本应填充于衣服区域的蓝色，溢出到手臂区域中，如图 3-27 所示。针对这种情况，一种方法是可以在“走路 - 线稿”图层中，对该缺口（见图 3-28）进行线稿闭合，另一种方法是在“油漆桶”工具面板中调整“间隙”参数（见图 3-29 中的蓝色区域），将“间隙”参数调整为 3，选择肉色再次进行填色，会发现色彩能准确地填充于手臂区域中而没有溢出，如图 3-30 所示。将全部颜色填充完毕，得到如图 3-31 所示的填色效果。

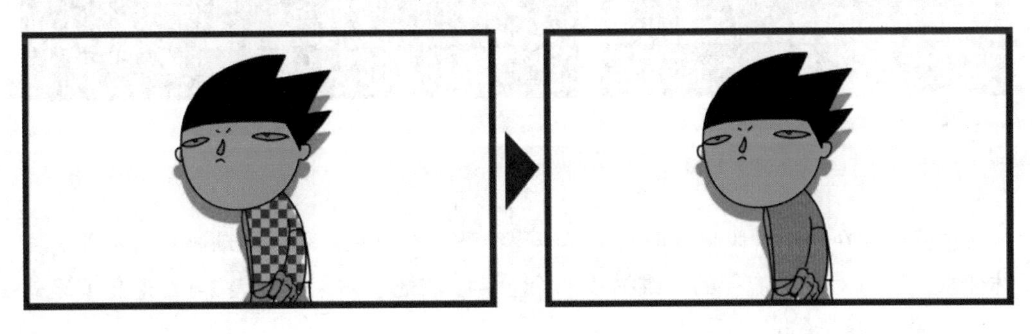

图 3-27
填色溢出效果

图 3-28
线稿缺口

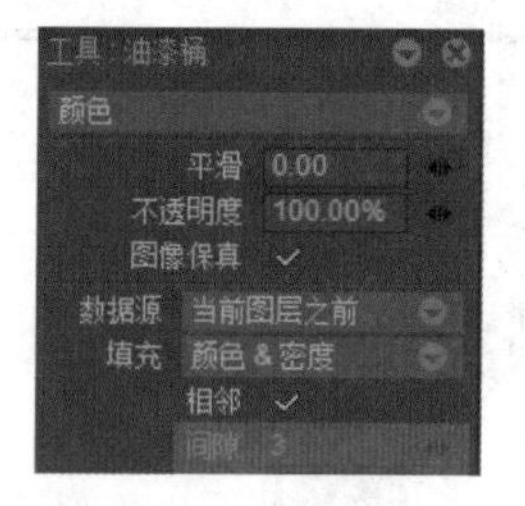

图 3-29
调整油漆桶工具中的“间隙”参数

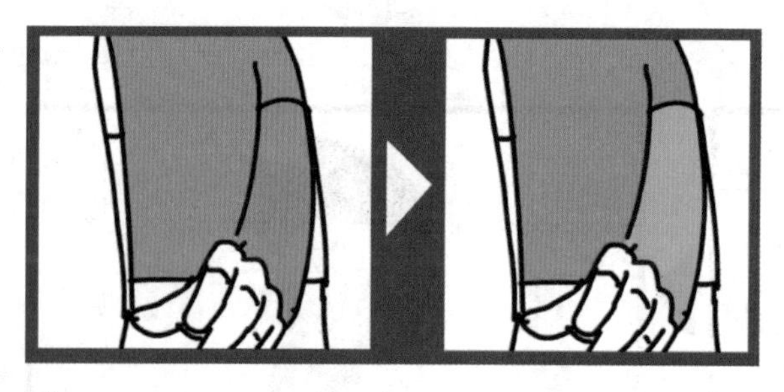

图 3-30
对手臂区域进行重新填色

图 3-31
重新填色后的效果

3.2.6 明暗交界线

很多动画片在描线平涂的基础上，会采用为角色添加暗部（或亮部）的方法来增加体积感及立体感，如图 3-32 和图 3-33 所示。

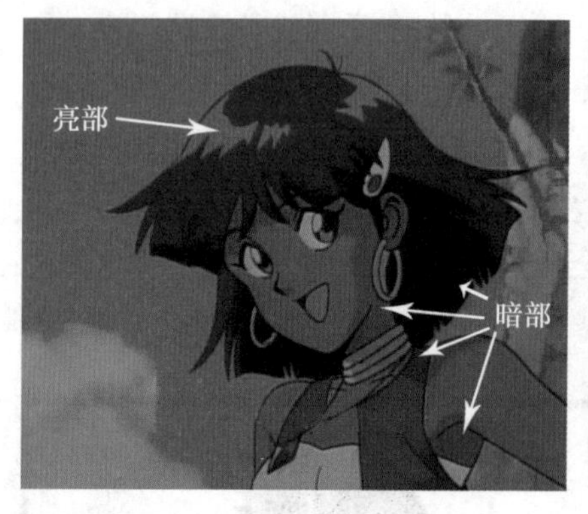

图 3-32
动画系列片《蓝宝石之谜》剧照

图 3-33
动画片《泰山》剧照

这就要求在绘制阶段将其明暗交界线用线条勾勒出来。不同的动画片有不同的具体要求，通过对各种流行的二维描线平涂上色技法的总结，得到表 3-1，这几乎涵盖了所有常用的明暗部上色形式。

表 3-1　二维描线平涂上色技法

效　果	示　例	实现方式
角色身体明暗交接变化较硬（颜色突变）		方法一：用与画轮廓线一样的笔（黑色）绘制交界线，并且将交界线画在与角色同一层上（在中期上色后将其擦掉） 方法二：用彩色铅笔绘制交界线，并且将交界线画在与角色同一层上（中期上色后可用动画软件功能将其自动去除），并使用彩色扫描
交界线简单地混合两面的颜色，即明暗部之间的颜色柔和过渡		用与画轮廓线一样的笔（黑色）绘制交界线，并且将交界线画在与角色同一层上，然后在中期阶段用混合色给交界线（某些动画软件中可实现，如 Animo）上色
复杂的柔化边缘，半透明的暗部区域		在另外一层上画暗部（或亮部）的黑色轮廓线（此轮廓线不需要与角色的外轮廓线匹配，因为它可以被自动生成的角色遮罩所截取而得到）。这样的画面效果当然也可以像上面用混合色实现，但是分层绘制的好处是更加灵活，可以在这些区域设置任意的透明度、颜色、混合色，还可以添加纹理
干笔触或同类型的暗部画法		将暗部分层来绘制（即角色线稿一层，暗部色调一层）。这样可避免暗部干笔触形成的无数封闭小区域难于上色的问题

作为数字动画绘制软件，TVPaint Animation 也具有绘制明暗交界线的功能。本节将重点介绍两种绘制明暗交界线的方法，第一种为比较便利的明暗交界线制作方法，适合于较为简单的动画制作；第二种为相对复杂的明暗交界线制作方法，适合于修改成本较高的动画制作。

第一种明暗交界线制作方法较为简单，但是，出现需要对明暗交界线进行修改的情况时，容易对其他图层中的颜色产生影响。因此在本方法制作过程中，需尽量避免二次修改。

绘制前需要将明暗交界线的笔刷粗细缩小。在本案例中，由于线稿笔刷为 3，因此，我们将笔刷粗细缩小为 1，然后选择“走路 - 上色”图层，并在该图层中勾勒明暗交界线，如图 3-34 所示。之后选择油漆桶工具，将填充颜色的数据源设置为“显示全部图像”，同时选中“包含边线”选项，调整相应参数（见图 3-35 中的蓝色区域）。

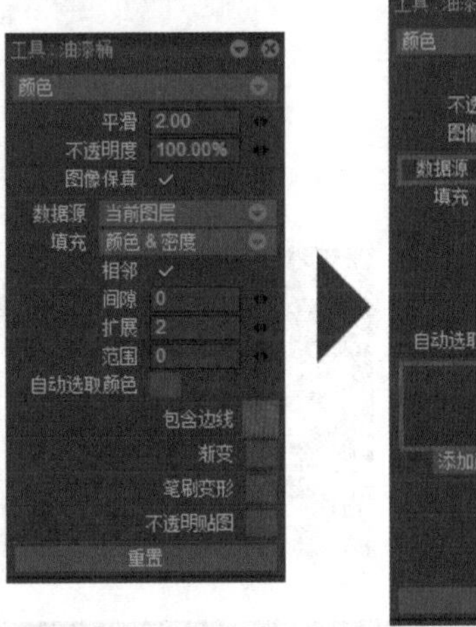

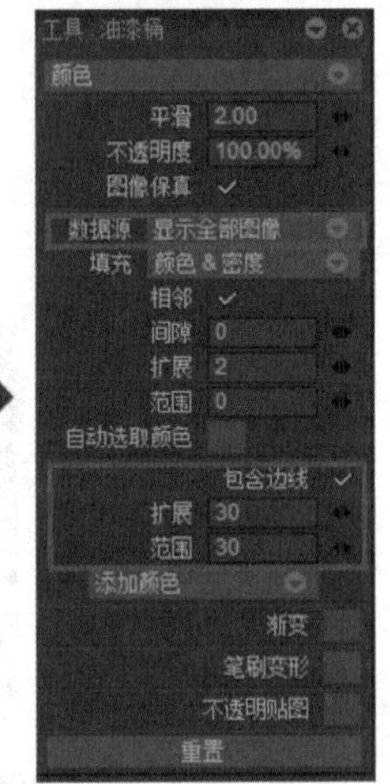

图 3-34（左）
在“走路 - 上色”图层绘制明暗交界线

图 3-35（右）
调整数据源并选中“包含边线”选项

当油漆桶工具设置完毕后，选择肉色并填充角色面部、手臂等亮面区域，肉色会自动覆盖明暗交界线，呈现出如图 3-36 所示中的效果。下一步，选择较暗一级的颜色，填充角色面部、手臂等暗面区域，呈现出如图 3-37 所示中的效果。

图 3-36
角色面部、手臂等亮面区域被填充的效果

图 3-37
角色面部、手臂等暗面区域被填充的效果

依据上述方法，最终将其他区域的明暗填充工作完成，得到如图 3-38 所示中的效果。

第二种明暗交界线制作方法较为复杂，但是，出现需要对明暗交界线进行修改的情况时，本方法可避免对上色图层产生影响。本方法的主要思路是为明暗交界线单独创造一个图层，并通过蒙版功能使其融入色彩填充区域内。

在线稿层（“走路 - 线稿”）下新建图层，按照线稿图层分割帧数，并更名为“明暗交界线”图层（见图 3-39），并确保两个图层在上色层（“走路 - 上色”）之上。然后，我们在“明暗交界线”图层中绘制肉色区域的明暗交界线（见图 3-40）。

图 3-38（右）
角色全身具备明暗色彩的效果

图 3-39（下）
新建“明暗交界线”图层

在此步骤完成之后，将其填充属性中的“数据源”调整为“当前图层之前”。值得注意的是，由于上色图层前有“走路 - 线稿”和“明暗交界线”两个图层，因此填充功能以这两个图层作为填充区域的识别对象。在此基础上，对明暗交界线两侧的肉色区域进行不同颜色的填充，即可得如图 3-41 所示的效果。

图 3-40
绘制肉色区域的明暗交界线

图 3-41
在“走路 - 上色”图层填充不同颜色

然而，当关闭“明暗交界线”图层时，会发现该图层覆盖的区域并未被填色（见图 3-42）。很明显，这并非我们想要的明暗交界效果。因此，我们需要将“明暗交界线”图层中的线条色彩改为色块的颜色，以使明暗交界线融入上色区域中。图层的蒙版功能，是解决这一问题较为便捷的方法。

图 3-42
关闭“明暗交界线”图层后的效果

开启“明暗交界线”图层的蒙版功能（见图 3-43 中的蓝色区域），意味着在本图层中的所有操作，均仅对图层中已存在的区域有效。由于图层中仅有明暗交界线，因此，任何绘制行为均仅对明暗交界线产生作用。

在此基础上，选择“主面板”中的“填充描边”功能（见图 3-44），该功能会将颜色填充于框选区域内。将“当前色”设置为肉色区域中的暗部颜色，之后，利用“填充描边”功能框选明暗交界线所在的区域。在蒙版功能的作用下，暗部颜色会自动填充在明暗交界线上，达到使其融入暗部颜色中的视觉效果，如图 3-45 所示。

利用这一方法，可以继续为其他区域绘制明暗交界线，并将其他区域填充明暗颜色。当然，也可以进一步丰富画面层次，如图 3-46 所示，在角色身上增加了“高光色”，使填色区域内，呈现出“高光”“亮部”和“暗部”三级色的效果。

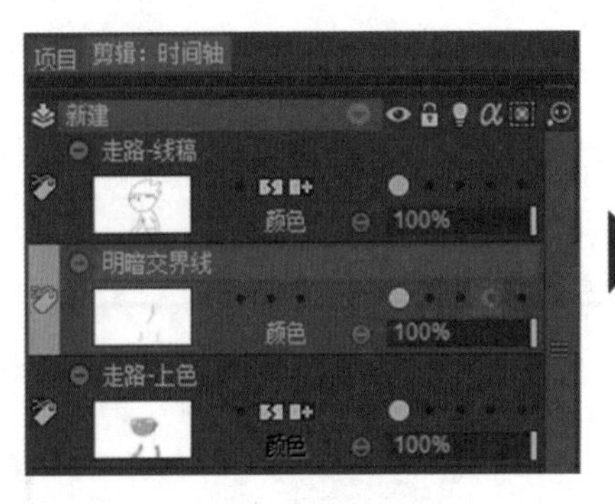

图 3-43
开启“明暗交界线”图层的蒙版功能

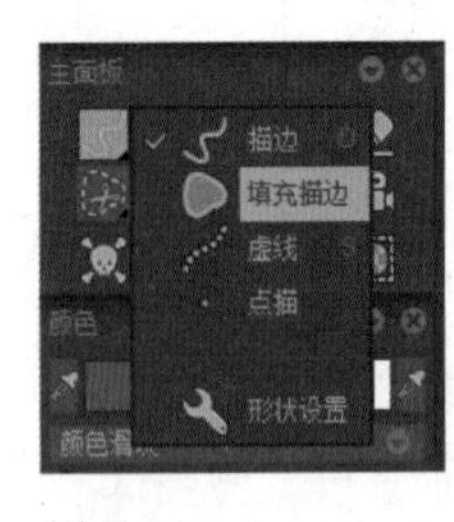

图 3-44
“主面板”中选择“填充描边”工具

图 3-45
框选明暗交界线

图 3-46
完成三级色明暗效果的画面

3.2.7 渐变色

除了明暗色填充之外，渐变色填充也可获得具有明暗变化的上色效果。以填充肉色区域为例，首先，需要在“颜色”面板中，设置渐变的两种颜色。将“当前色”设置为肉色，将“备选色”设置为较深的暗色，如图 3-47 所示。在“油漆桶”工具中，选中“渐变”选项，如图 3-48 所示，在渐变条下侧，选择“发散过渡渐变”模式，如图 3-49 所示。

图 3-47
设置需要渐变的两种颜色

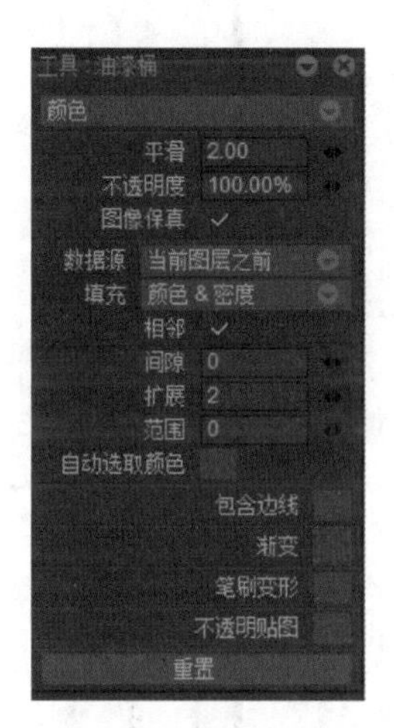

图 3-48
选中“油漆桶”工具中的“渐变”选项

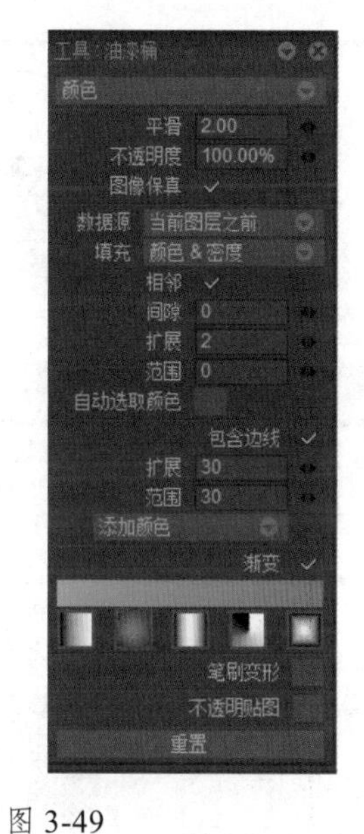

图 3-49
选择“发散过渡渐变”模式

在这一步骤完成后，单击角色面部区域，即出现网格标识该区域，如图 3-50 所示。在需要产生渐变的位置拖曳鼠标指针，形成一条拖曳轨迹，如图 3-51 所示。该轨迹起点为“当前色”，终点为“备选色”，其轨迹区域内为渐变色。松开鼠标后，角色面部区域被具有发散渐变效果的颜色所填充，如图 3-52 所示。该过渡效果由于具有弧度，因此适合角色面部造型。

图 3-50
选择渐变色填充面部区域

图 3-51
在面部填充区域拖曳鼠标

在“油漆桶”工具中，选择渐变方式为“线性过渡渐变”(见图 3-53)，并以上述方式填充角色手臂位置。由于手臂位置不具备弧度，因此线性过渡渐变方式较为符合所需填充的形状，如图 3-54 所示。值得注意的是，首先，渐变色的色彩过渡面积，依据拖曳轨迹长短而产生不同变化；其次，不同区域内的渐变色，理论上其明暗方向应该一致，这样才可塑造较为真实的渐变效果，如图 3-55 所示。

但不得不说，这种上色方式局限性比较多，呈现效果较为一般。

图 3-52
填充面部渐变色区域后的效果

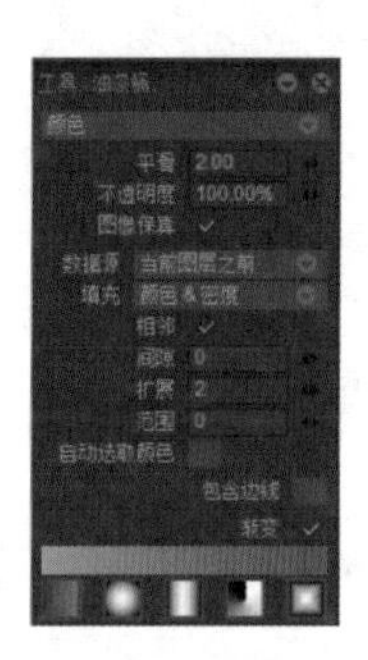

图 3-53
选择“线性过渡渐变”模式

图 3-54
填充手臂渐变色区域后的效果

图 3-55
填充所有渐变色区域后的效果

3.2.8 CTG 智能图层填色

除上述较为常用的画稿上色功能，TVPaint Animation 专业版本中，有一种可实现计算机自动逐帧上色的特殊功能——CTG 智能图层填色。在较为简单且运动幅度不大的动画中，CTG 智能图层可大幅节约填色的人力成本。由于是专业版本中的特殊功能，因此将相关内容放置于本章最后一节。

图层名称为“走路 - 线稿”，是角色走路的线稿序列帧，如图 3-56 所示。选择“新建”→Colo & Texture Layer 选项，即在线稿图层下新建 CTG 智能图层，如图 3-57 所示。

将智能图层重命名为“走路 - 上色”，单击“0 数据源（s）”，将数据源设置为“走路 - 线稿”，智能图层便以“走路 - 线稿”图层为数据源，如图 3-58 所示。在此基础上，在第 1 帧选择线条绘制工具，颜色设置为肉色，在角色面部绘制线条，尽量使耳朵、鼻子等器官被线条覆盖。当线条绘制完毕时，肉色被自动填充于角色面部，并覆盖耳鼻等器官，如图 3-59 所示。

图 3-56
角色线稿及图层

图 3-57
新建 Colo & Texture Layer

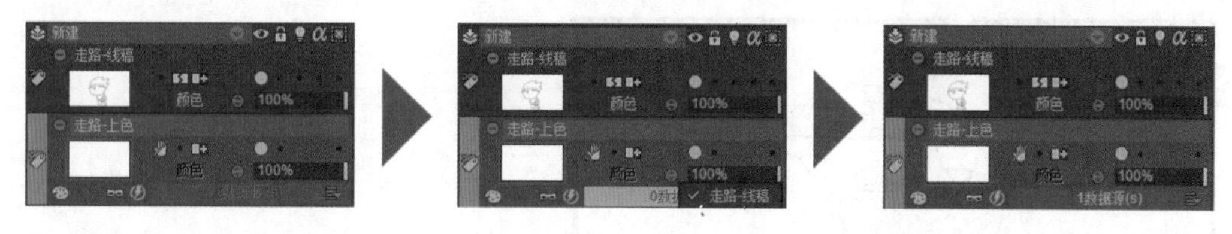

图 3-58
设置智能图层数据源

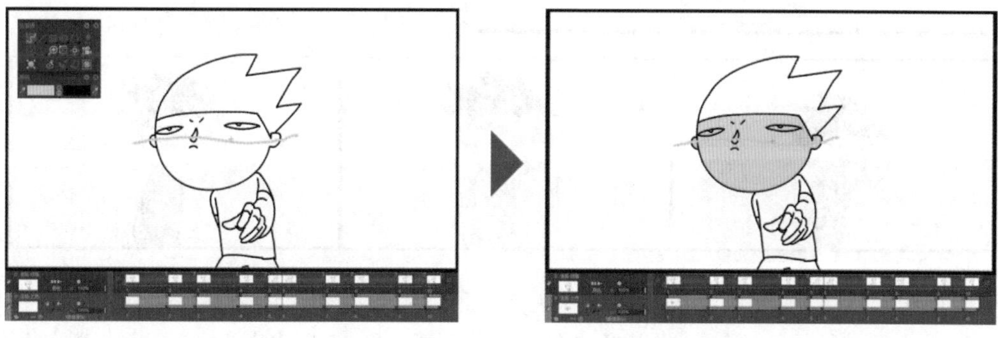

图 3-59
绘制肉色填充线条

单击智能图层左下角的“调色盘”工具（见图 3-60 中的蓝色区域），在弹出的子选项中选择“将当前线条应用至空 instances 中”。系统会自动进行计算，并以第 1 帧填充线条的位置为参考，对后续相应位置的闭合区域进行自动填色，如图 3-61 所示。所有序列帧的角色面部区域，均被填充为肉色。

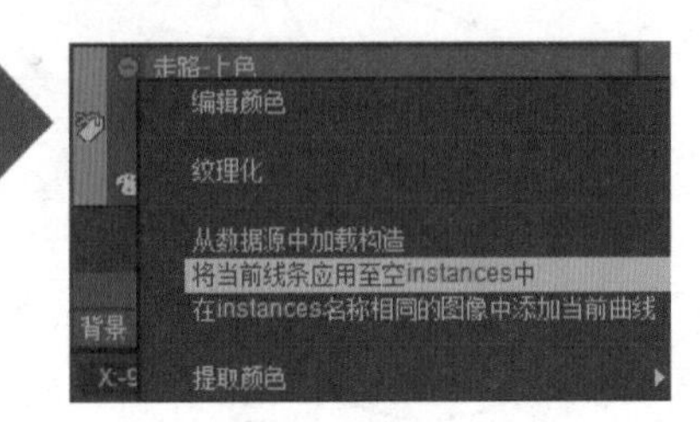

图 3-60
选择“将当前线条应用至空 instances 中”

图 3-61
所有序列帧被自动填充为肉色

依据上述操作方法，在第 1 帧对角色头发、衣服及裤子绘制填充线条（见图 3-62），并将当前线条应用至空 instances 中，即可见所有帧以第 1 帧填充线条的位置为参考，其相应位置的闭合区域被自动填色，如图 3-63 所示。

图 3-62（左）
绘制其他颜色填充线条

图 3-63（下）
所有序列帧被自动填充了其他颜色

使用 CTG 智能图层填色，仅可以实现粗糙的填色效果。因为自动填色仅识别填充线条所覆盖的闭合区域，所以当动作变化导致填色区域错位时，会产生颜色填错区域的结果。因此，在较为复杂的角色造型或较为剧烈的角色运动中，需要针对填色结果进行修正与校对。如图 3-64 所示，单击图层下方的蓝色区域，即可隐藏所有序列帧的填充线条，在此基础上，使用“油漆桶”工具对如手臂、眼睛等细节进行填色，逐步完善最终的填色效果，如图 3-65 所示。

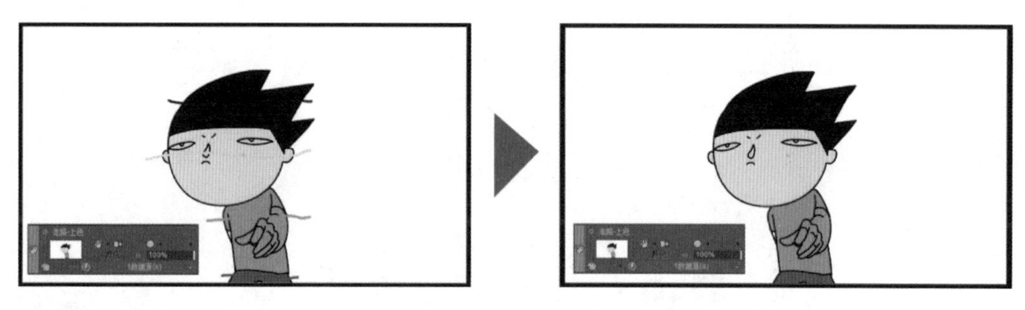

图 3-64
隐藏填充线条

图 3-65
对识别错误的区域进行校正

课后题

（1）以第 2 章所绘制的动画线稿为基础，进行色彩样张设计和颜色填充练习。

（2）为动画线稿绘制明暗交界线，并进行明暗色填充练习。

第4章

图层与镜头运动

在计算机介入动画制作之前，二维动画就是分层来制作的：动画绘制在赛璐珞片上，背景也常常分层绘制，最后叠在一起，逐格拍摄。这种分层技术后来被各种动画软件所采用，TVPaint Animation 也不例外。同时，本章也将介绍补间动画的制作，之所以放在这章介绍，是因为在 TVPaint Animation 中，补间动画的操作对象是图层。最后，介绍以补间动画为基础的镜头运动的实现方法。

4.1 简单镜头图层的设计与实现

4.1.1 简单镜头图层的设计

在图 4-1 中，可以看到由不同图层组成的动画画面，在此通过此案例来讲解图层间的叠加关系。首先，人物在红色背景前，由此可以认为人物对红色背景产生遮挡。其次，绿色的门在人物身前，因此绿色的门对人物产生遮挡。再次，在画面右侧的紫色墙壁之前有书桌及厚厚一叠书，书桌及书对紫色墙壁产生遮挡。所以，在本例中最底层图层为红色背景图层，次之为角色图层（角色可分为两层，即上色图层和线稿图层），最后，为绿色的门和紫色的墙构成的中景图层，最上层为由书桌和书构成的前景图层。其叠加关系如图 4-2 所示。

图 4-1（右）
多图层叠加形成的动画效果

图 4-2（下）
图层叠加关系示意图

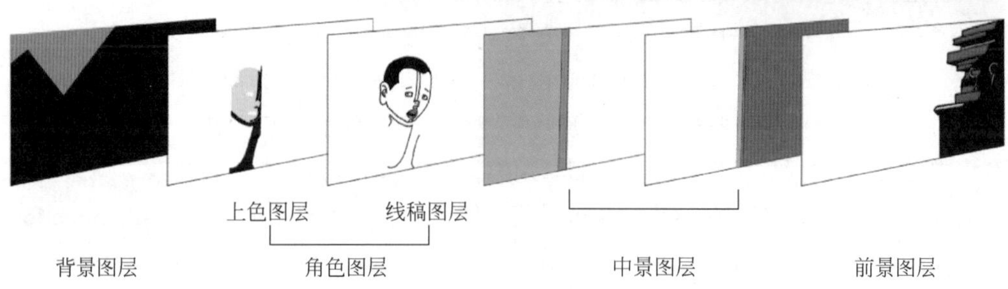

在这几个图层中，角色图层（包括上色图层和线稿图层）和前景图层都是动画图层（有动作），其他层为静止图层。

4.1.2 简单镜头图层的实现

第一步：建立分辨率为 1920 × 1080 像素、帧速率为 24 帧 / 秒的项目文件。进入“项目”窗口，在“剪辑：时间轴”窗口中新建图层。修改该图层名称为“背景图层”，并在该图层第 1 帧绘制背景，如图 4-3 所示。由于背景中不存在动画，因此只需要将第 1 帧拖曳至该镜头的总体长度即可。

第二步：再次新建图层，并置于“背景图层”上方。修改该图层名称为“中景 - 墙”，在该图层中绘制中景，如图 4-4 所示。与背景一样，由于本图层中不存在动画，因此只需要将第 1 帧拖曳至该镜头的总体长度即可。

第三步：再次新建图层，并置于“中景 - 墙”上方。修改该图层名称为“前景 - 书桌”，在该图层中绘制书桌，如图 4-5 所示。与其他图层一样，由于本图层中不存在动画，因此只需要将第 1 帧拖曳至该镜头的总体长度即可。在此阶段完成后得到了具有遮挡关系和纵深感的静态空间环境。下面的任务是在此基础上绘制门的运动及角色的动作。

图 4-3
“剪辑：时间轴”中的“背景图层”

图 4-4
“剪辑：时间轴”中的“中景 - 墙”

图 4-5
“剪辑：时间轴”中的“前景 - 书桌”

第四步：再次新建图层，并置于“中景 - 墙”与“背景图层”之间。修改该图层名称为“门”，如图 4-6 所示。与其他图层不同，由于本图层中存在门的运动，因此只需要依据运动效果逐帧绘制动画。在此阶段，我们已将对角色产生遮挡的所有元素绘制完成，既有动态序列图层“门”，又有静态单帧图层“中景 - 墙”。之后的任务是在遮挡间隙间创作动画角色，即门缝中探头窥视的男孩。

第五步：再次新建图层，并置于“门”和“背景图层”之间。修改该图层名称为“角色 - 线稿”，如图 4-7 所示。与“门”图层一样，需要逐帧绘制动画角色的线稿。由于“中景 - 墙”与“门”均绘制完毕，遮挡关系已十分明确，因此在绘制过程中，无须将角色被遮挡的部分绘制出来，这将大幅度节约不必要的工作成本。

第六步：再次新建图层，并置于“角色 - 线稿”下方。修改该图层名称为“角色 - 上色”，如图 4-8 所示，并依据第 3 章内容，逐帧填充颜色。为何在其他图层（“背景”“中景 - 墙”“前景 - 书桌”“门”等）中将线稿与颜色绘制于一起，而在角色绘制过程中把线稿与色稿分开呢？其原因是，角色动作是动画制作中比较复杂、烦琐且易错的环节，将线条和色彩绘制于不同图层，便于修改和调整。在 TVPaint Animation 中，线稿图层需覆盖于上色图层之上，若需修改角色的颜色，无论如何操作，均不会影响线稿图层。另外需要注意的是，与线稿图层一样，由于“中景 - 墙”与“门”均绘制完毕，遮挡关系已十分明确，因此在绘制色稿时，无须将角色被遮挡的部分绘制出来。

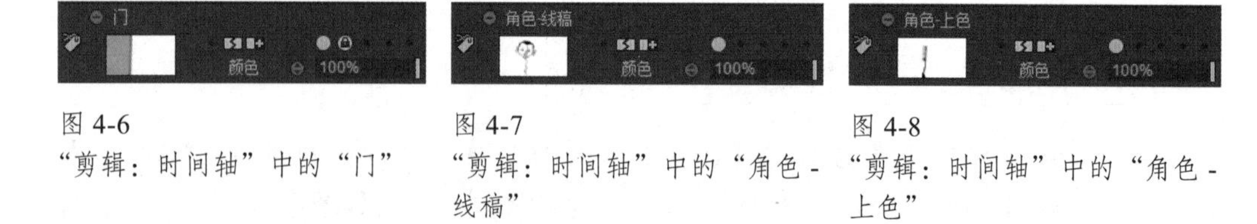

图 4-6
“剪辑：时间轴”中的“门”

图 4-7
“剪辑：时间轴”中的“角色 - 线稿”

图 4-8
“剪辑：时间轴”中的“角色 - 上色”

通过上述步骤，会得到如图 4-1 所示的具有遮挡关系的动画效果。其“剪辑：时间轴”中的显示效果如图 4-9 所示。我们可以看出图层间的遮挡关系，图层以自上而下的顺序叠加排列。由于“前景 - 书桌”置于最顶层，因此其被完整保留在预览效果里。而“背景图层”置于最底层，因此在预览效果中，由于被多层遮挡，仅露出一小部分的面积。通过图层中序列帧分布，可清晰辨别静态图层（“前景 - 书桌”“中景 - 墙”“背景图层”）和动态图层（“门”“角色 - 线稿”“角色 - 上色”）。并依据可显见的

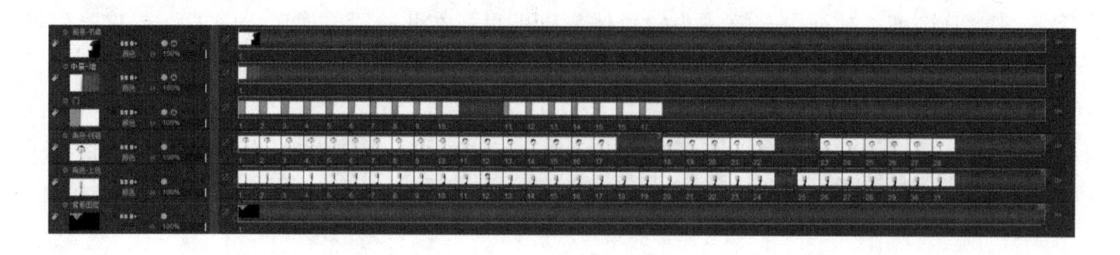

图 4-9
“剪辑：时间轴”中的多图层叠加效果

序列帧状态，来判断不同图层运动及停止的先后顺序，如“门”运动的停止时间，较“角色 - 线稿”及“角色 - 上色”运动的停止时间要早。在此基础上，可对时间轴进行较为直观化与整体化的修改与调整。

4.2　对图层设置补间动画

在第 2 章中曾经提到动画制作有两种方式：逐帧动画和补间动画。补间动画最重要的特征是计算机会自动生成两个关键帧之间的动画。

在二维动画制作软件 Flash（Animate CC）中，补间动画通常需要针对“元件”进行操作——通过对不同的“元件”设置关键帧，由计算机自动补齐中间画，以完成诸如大小、颜色、位置、形状及透明度等方面的变化。在 TVPaint Animation 中，由于没有“元件”的概念，补间动画多使用图层来实现，即在不同图层绘制画面的不同元素，以图层替代“元件”，通过设置图层的关键帧，然后在不同的关键帧间自动生成补间动画。其原理与 Flash 相似，只是补间动画的载体有所区别：Flash 中，补间动画作用于“元件”，而 TVPaint Animation 中，补间动画作用于图层。

下面通过两个案例来介绍对图层设置补间动画的设计思路及制作方法。

4.2.1　公交车动画案例

如图 4-10 所示，本案例是制作一个公交车从画面左侧移动到画面右侧的镜头项目。其中，“公交车”相对于“街景”，产生了由左向右的位移动画效果。而“公交车”中，“前轮”与“后轮”图层产生同步滚动的循环动画效果。由此可以分析出图层的设计思路。

- 使“前轮”与“后轮”图层产生循环滚动的动画效果。
- 将车轮与“车身”图层组合成“公交车”图层。
- 使“公交车”图层在“街景”中产生位移动画效果。

1. 车轮动画

第一步：需要制作车轮循环滚动的动画，并将其置于车身中，形成完整的公交车。“车身”图层为静态图层，“前轮”与“后轮”图层为同步滚动的循环动画。在制作循环动画之前，需要依据设计思路绘制出所需三个图层，如图 4-11 所示。

第二步：开始制作车轮循环滚动的动画。选中“前轮”图层的第一帧图像，单击“主面板”中的“镜头移动”选项（见图 4-12），将车轮拖曳至预览画面中心点标记的位置（见图 4-13）。在菜单工具中选择“效果”→“动态”→“关键帧”（见图 4-14），即弹出“FX 堆栈”面板（见图 4-15）[①]。值得注意的是，在 TVPaint Animation 中，特

① FX 堆栈是 TVPaint Animation 中的特效应用功能，其中有关于“关键帧”的设置面板。在此面板中，我们可以完成大小、位置、旋转等多种补间动画。

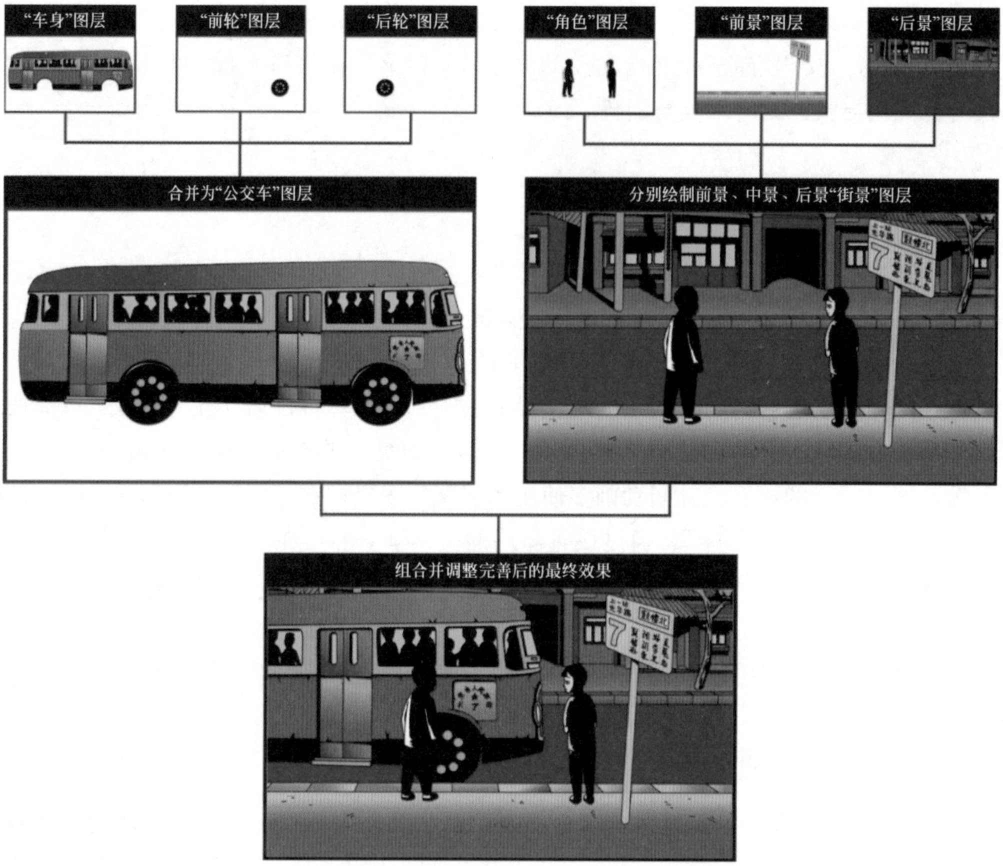

"车身"图层
"前轮"图层
"后轮"图层
"角色"图层
"前景"图层
"后景"图层
合并为"公交车"图层
分别绘制前景、中景、后景"街景"图层
组合并调整完善后的最终效果

图 4-10
公交车动画图层设计思路

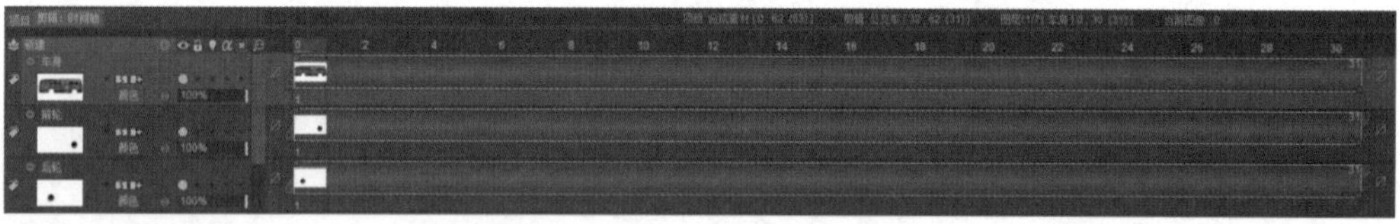

图 4-11
"剪辑：时间轴"中的公交车图层

主面板
镜头移动
位置转换
透视图
扭曲
颜色

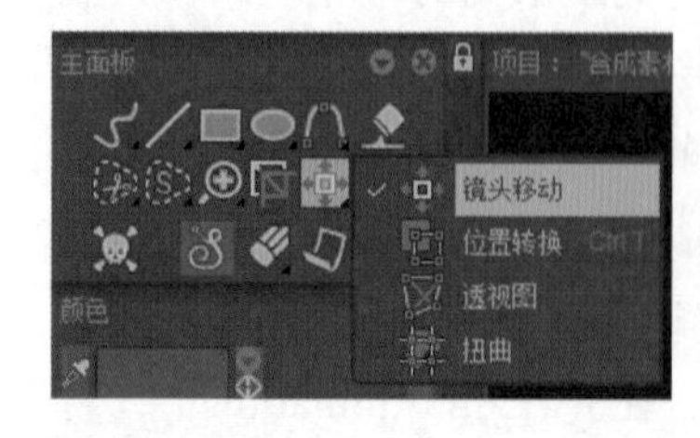

图 4-12
主面板中的"镜头移动"

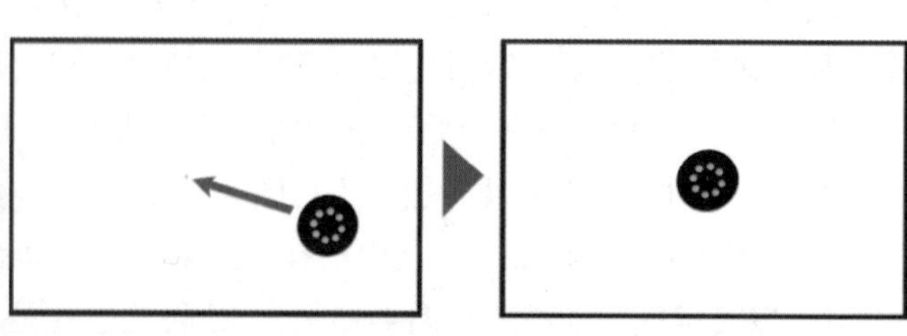

图 4-13
将车轮移动至预览画面中心点位置

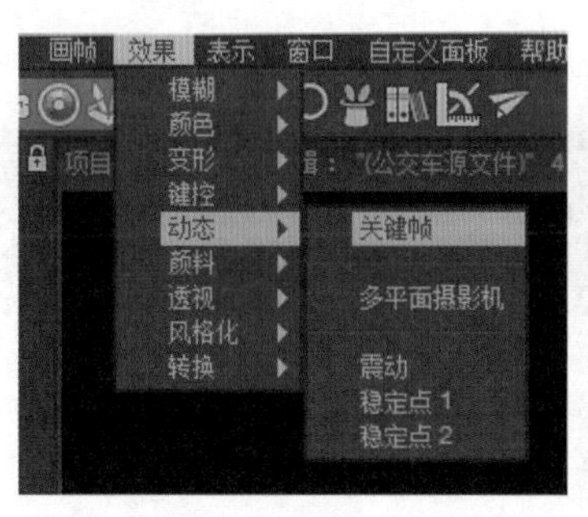

图 4-14（上）
“效果”→“动态”→“关键帧”

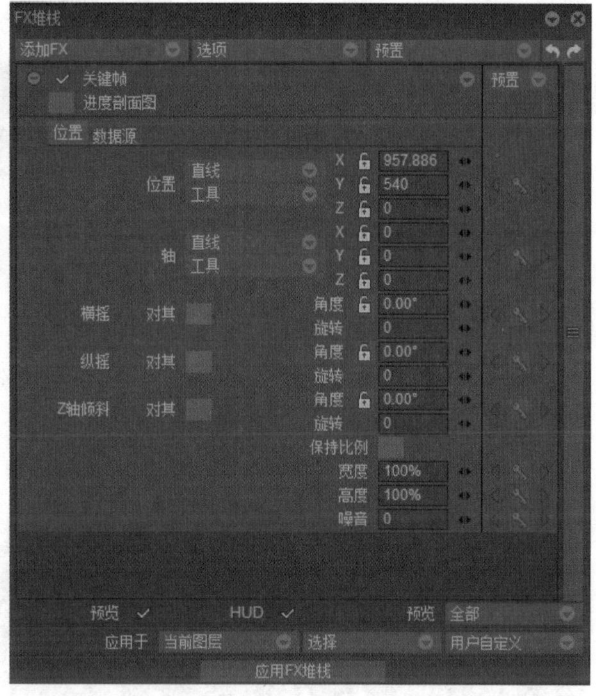

图 4-15（右）
“FX 堆栈”面板

效功能均在“效果”的子选项里，而关于位移、旋转、缩放等功能，在主面板或“FX 堆栈”中均可实现。

在“FX 堆栈”面板中，确认“Z 轴倾斜”中的“旋转”数值为 0，即第 1 帧画面不发生变化。在此基础上，单击“Z 轴倾斜”后的钥匙图标，即设置“关键帧”（见图 4-16 中的蓝色区域）。此时，在“前轮”图层时间轴中，第 1 帧图像下侧出现了一个“+”，意味该帧成为补间动画开始的“关键帧”，如图 4-16 所示。

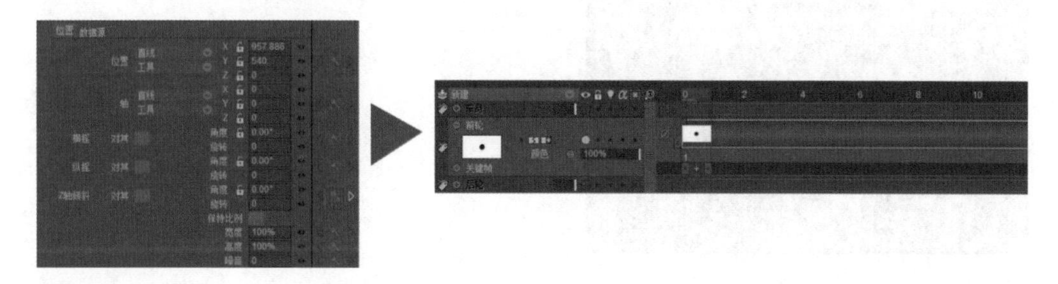

图 4-16
“旋转”数值为 0 时，在“前轮”图层时间轴第 1 帧添加“Z 轴倾斜”关键帧

单击“前轮”图层时间轴的第 10 帧图像，在“FX 堆栈”面板中，将“Z 轴倾斜”中的“旋转”数值设置为 1，即第 10 帧画面将顺时针旋转一周（360°）。在此基础上，单击“Z 轴倾斜”后的钥匙图标，即设置“关键帧”（见图 4-17 中的蓝色区域）。此时，在“前轮”图层时间轴中，第 10 帧图像下侧出现了一个“+”，意味该帧成为补间动画结束的“关键帧”，如图 4-17 所示。

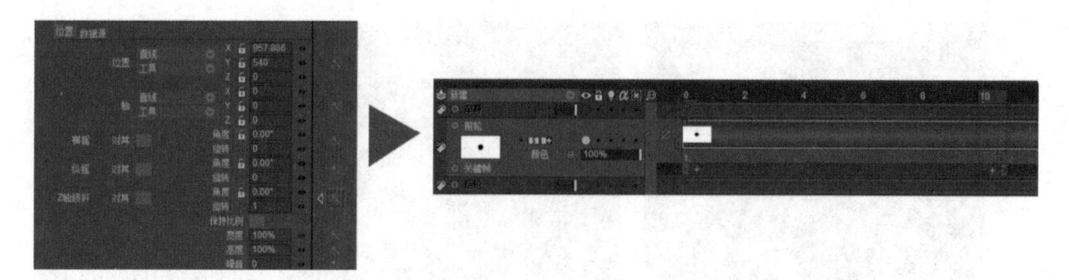

图 4-17
"旋转"数值为 1 时，在"前轮"图层时间轴第 10 帧添加"Z 轴倾斜"关键帧

选择"前轮"图层时间轴中第 1~10 帧全部图像，如图 4-18 所示[①]，单击"FX 堆栈"中的"应用 FX 堆栈"，如图 4-19 所示，"前轮"图层时间轴中的静态帧图像间会自动创建补间动画，并变为动画帧图像，如图 4-20 所示。

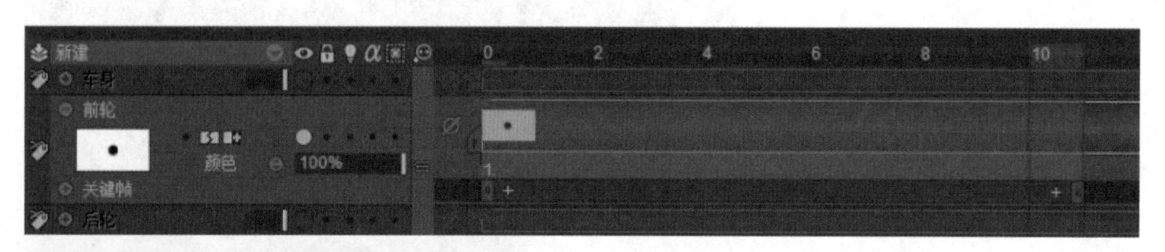

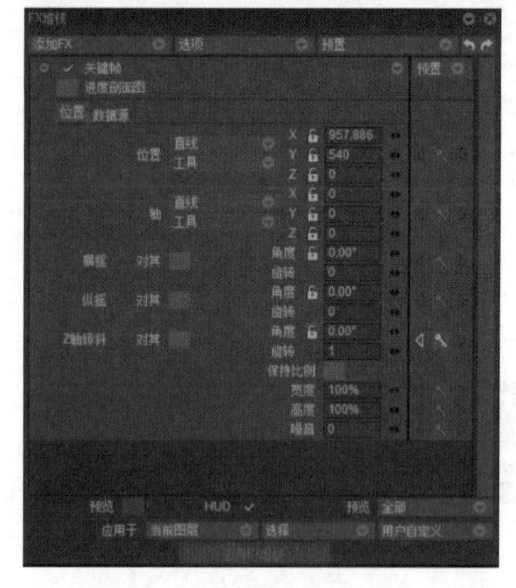

图 4-18（上）
选中"前轮"图层时间轴全部帧图像

图 4-19（左）
在"FX 堆栈"面板中单击"应用 FX 堆栈"

选择"前轮"图层时间轴中动画帧图像，在"主面板"中选择"镜头移动"。将车轮调整至合适位置，该图层时间轴中动画帧图像均会移动至该位置，如图 4-21 所示。我们仅保留图层时间轴中动画帧图像（1~10 帧），在预览画面中播放动画，即可见车轮顺时针旋转一周的动画。基于此方法，可依据个人需要去设计车轮旋转的圈数及时间轴长度。

① 除直接选择全部帧外，还可以在"FX 堆栈"面板下的"应用于"选项中，将效果范围作用于全部帧，两种方法均可达到同样的效果。

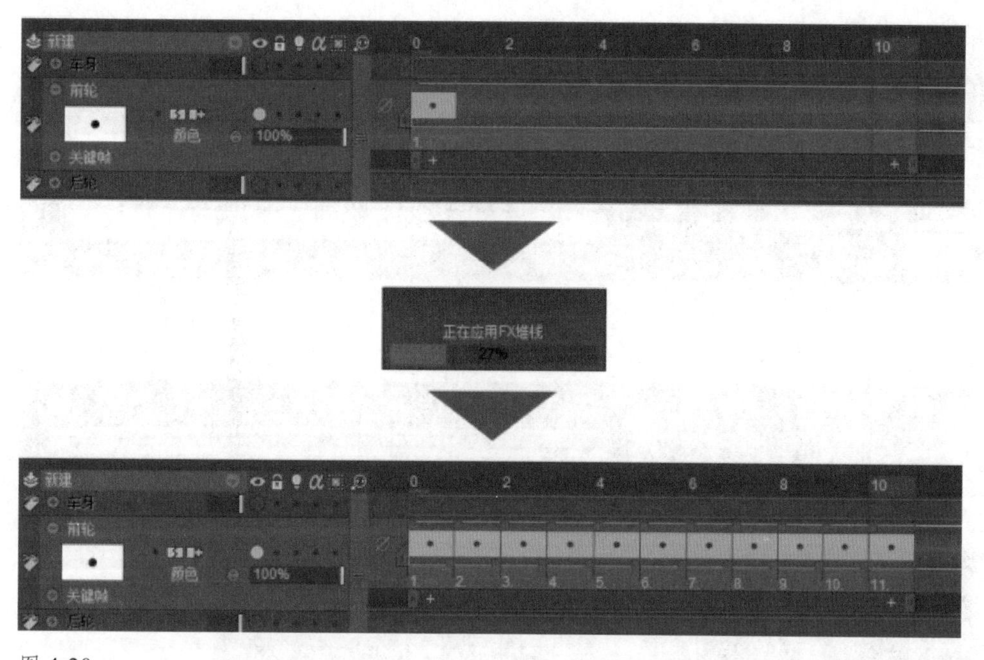

图 4-20
“前轮”图层时间轴中，静态帧图像变为动画帧图像

图 4-21
将“前轮”移动至合适的位置

2. 车身动画

通过前述内容，公交车轮顺时针滚动的循环动画制作完毕。依据项目设计整体思路，现在需要将“公交车”置于“街景”中，并产生自左至右的位移动画。

首先，将 3 个图层合并（合并方法见 4.3.4 小节），并重新命名为“公交车”，如图 4-22 所示。依据图层的叠加关系绘制“街景”中的前景、中景与后景，如图 4-23 所示。

在菜单工具中选择“效果”→“动态”→“关键帧”，打开“FX 堆栈”面板。由于计划“公交车”图层在“街景”项目中产生自左至右的位移动画效果，因此需要针对“FX 堆栈”面板中的“位置”选项进行调整，并且应聚焦于 X 轴数值（X 轴数值代表画面中元素横向的位置）的调整。选中该时间轴首帧图像，调整“位置”中 X 轴数值为 −535（可根据实际情况设定位置），并单击钥匙图标，创建开始的“关键帧”；下一步，选中时间轴末帧图像，调整“位置”中 X 轴数值为 110（可根据实际情况设

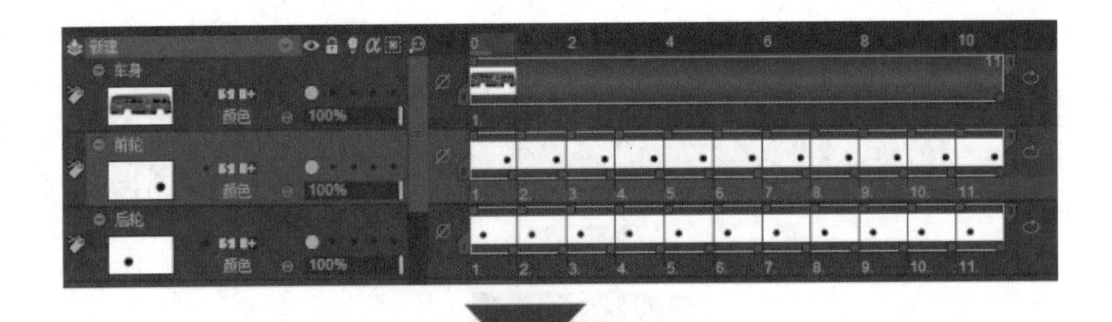

图 4-22（上）合并公交车的所有图层

图 4-23（左）绘制街景中的其他图层

定位置），并单击钥匙图标，创建结束的“关键帧”，如图 4-24 所示。选中该时间轴中所有帧图像，并单击“应用 FX 堆栈”。播放预览动画，即可见“公交车”图层自左至右移动于“街景”项目中，如图 4-25 所示。

虽然“公交车”图层产生位移动画效果，但公交车与角色的比例关系失衡，需要将“公交车”图层放大。选择“公交车”图层时间轴中的所有帧图像，在菜单工具中单击“主面板”中的“位置转换”选项，“公交车”图层中的画面元素即被绿色画框选中。用鼠标拖曳画框四角位置的边界点，将其放大至合适比例，按下回车键应用该特效，所有帧图像中的公交车即被放大至合适的比例，如图 4-26 所示。

经过上述操作后，播放预览画面，即可见最终效果：公交车大小比例被重新调整；车轮在循环顺时针滚动；公交车产生自左至右的位置移动，如图 4-27 所示。

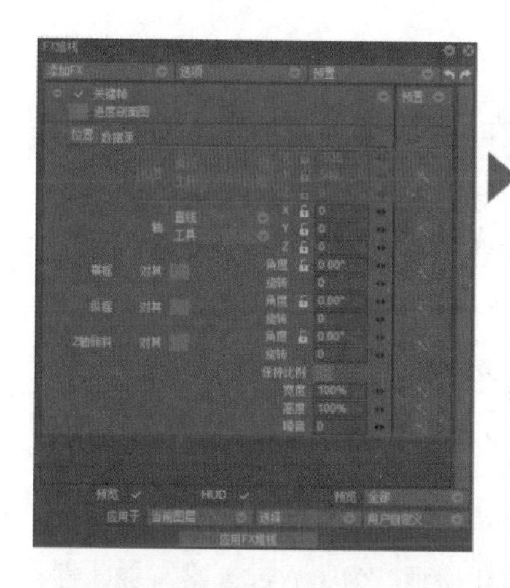

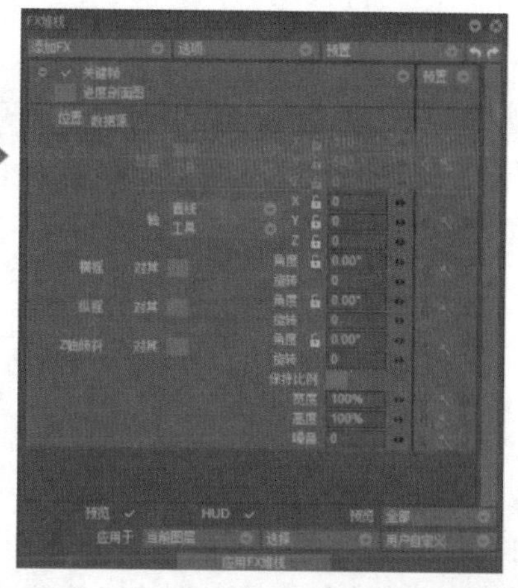

图 4-24
在“FX 堆栈”面板中，设置“公交车”图层首尾帧的位置关键帧

图 4-25
“公交车”图层在预览效果中产生位置移动

图 4-26
“位置转换”面板中，调整“公交车”图层大小

图 4-27
“公交车”图层在预览画面中的最终效果

4.2.2 飞鱼动画案例

第2个案例项目长度为5秒，共计120帧。该项目中，一条身上坐着两个小精灵的飞鱼，从画面的右下方飞向左上方；与此同时，若干只大鸟以同样的方向、不同的速度飞行。其中，飞鱼身体上的鱼鳍、两个小精灵的长耳朵和飞鸟的翅膀均为循环动画。

1. 飞鱼动画

（1）在项目中新建图层，命名为“飞鱼2”。在该图层中绘制飞鱼的身体。由于本图层目前不需要运动，因此无论时间轴中有多少帧，只需要将该图层时间轴属性设置为“保持”即可，这一设置意味着时间轴将持续播放最后一帧画面，如图4-28所示。

（2）在“飞鱼2”图层之上，新建一图层并命名为“飞鱼1”。在这一图层中，我们需要绘制飞鱼的胸鳍，并制作3帧胸鳍扇动的循环动画。为了看起来富有趣味性，在此设计小小的胸鳍以非常快的速率扇动。因此，在24帧/秒的默认播放速率下，将其拍摄张数设置为“一拍一”。即需要确保在时间轴中，每一张画面占据1帧的长度（1帧为1/24秒）。在此之后，将图层时间轴属性设置为“循环”，如图4-29所示。

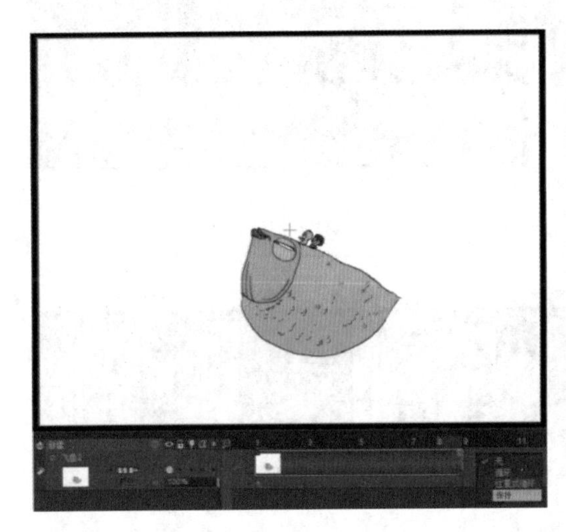

图4-28
创建飞鱼的身体（“飞鱼2”图层）

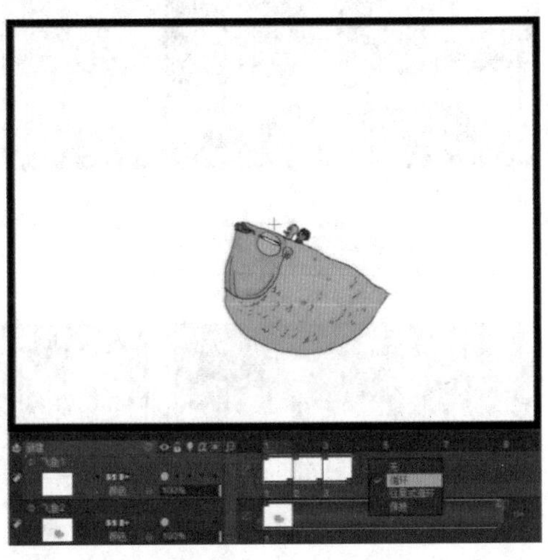

图4-29
创建飞鱼的胸鳍（“飞鱼1”图层）

（3）在“飞鱼2”图层之下，创建新图层并命名为“飞鱼3”。在这一图层中，绘制飞鱼的其他鱼鳍（包括背鳍、腹鳍和尾鳍）的循环动画（共8张）。由于该图层所绘制的是比较大的几个鱼鳍的扇动动画，因此，相比较小的胸鳍而言，其运动速率要慢很多。所以，在此将拍摄张数设为“一拍三”，即需要将每一张画面拉伸至3帧（3帧为1/8秒）[①]。在此之后，将图层时间轴属性设置为“循环”，如图4-30所示。

（4）在“飞鱼3”图层之下，新建一个图层并命名为“飞鱼4”。在这一图层中，

① 此层和胸鳍那一层无法合到一层中，因为它们具有不同的张数和速度，胸鳍有3张，并且“一拍一”；此层共8张，且“一拍三”，因此无法放到一层当中。

绘制飞鱼背上两个精灵角色的长耳朵，并制作其随风抖动的动画。与“飞鱼 1”图层一样，我们需要耳朵以非常快的速率抖动。因此，我们将其拍摄张数设为“一拍一”。即需要确保在时间轴中，每一张画占据 1 帧的长度（1 帧为 1/24 秒）。在此之后，将图层时间轴属性设置为“循环”，如图 4-31 所示。

图 4-30
创建飞鱼的其他鱼鳍（“飞鱼 3”图层）

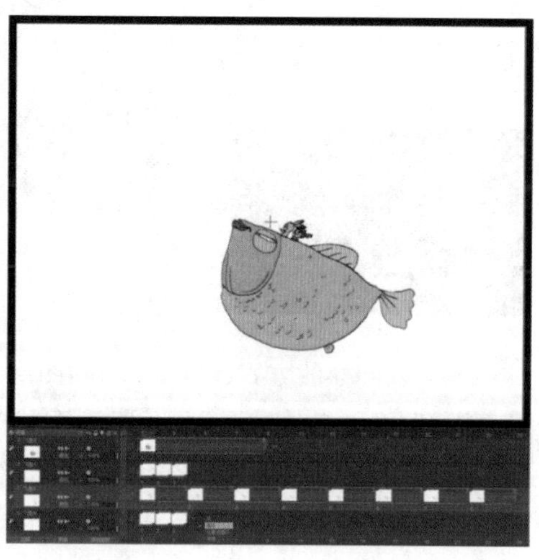

图 4-31
创建角色的耳朵（“飞鱼 4”图层）

在上述步骤完成后，播放预览效果，即可见飞鱼身体的各个组成部分以不同节奏产生差异化的运动速率：精灵角色耳朵与飞鱼的胸鳍，以“一拍一”的节奏运动；其他鱼鳍则以“一拍三”的节奏运动。

将这 4 个图层合并，重命名为“飞鱼”图层。利用上一节所学内容，在“飞鱼”图层的首帧和末帧创建动态关键帧，通过补间动画使其产生自右下至左上的位移效果，如图 4-32 所示。播放预览效果，即可见飞鱼扇动着鱼鳍，载着两个精灵角色向天空飞翔。

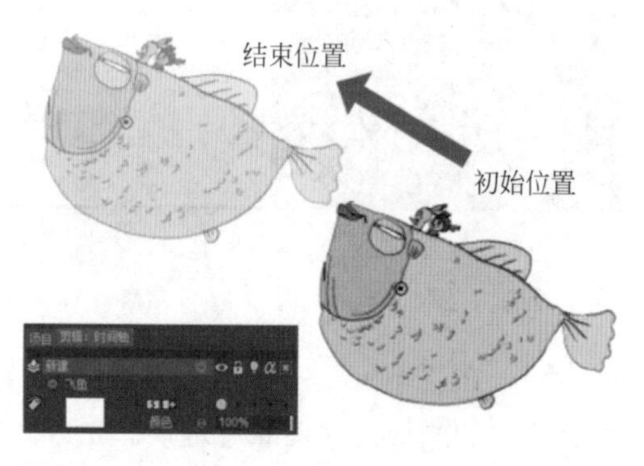

图 4-32
制作“飞鱼”图层位移动画

2. 飞鸟动画

（1）在“飞鱼”图层之下新建图层并命名为“鸟 1”。绘制鸟儿飞翔的动画（8 张动画），设置为“一拍三”并循环到结尾。鸟的原地扇翅动画完成。

（2）为飞鸟制作飞行动画。方法与制作飞鱼动画相似：通过设置首尾两个关键帧在画面上不同的位置，生成飞鸟的飞行动画。在本例中，飞鸟的飞行速度要快于飞鱼，所以飞鸟的首末位置距离要大于飞鱼。在该图层首帧和末帧建立动态关键帧后，利用补间动画，使飞鸟从画面右下移动至画面左上，如图 4-33 所示。

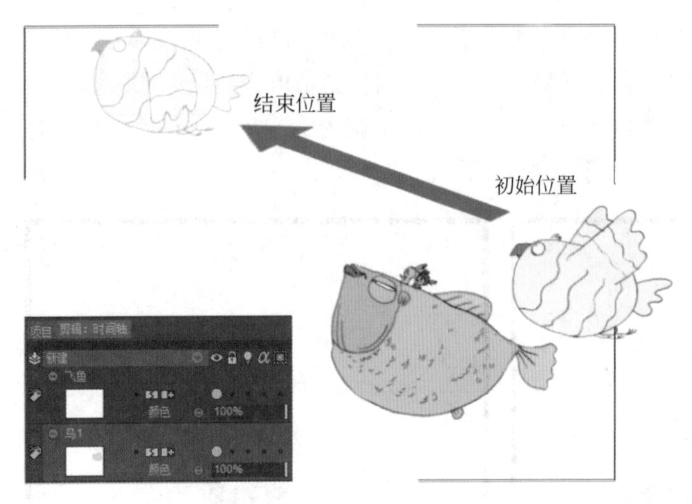

图 4-33
制作“鸟 1”图层位移动画

（3）以同样的方式，在“鸟 1”图层之下，创建 4 个图层，分别命名为“鸟 2”“鸟 3”“鸟 4”和“鸟 5”。每个图层均绘制鸟儿飞翔的动画，并如图 4-34 所示，利用补间动画使飞鸟从初始位置移动至结束位置。在此过程中，将鸟儿的大小设计得各不相同，以使其画面更具层次感。此外，还需注意画面的动态构图，即每一帧需要保持相对美观的空间感。

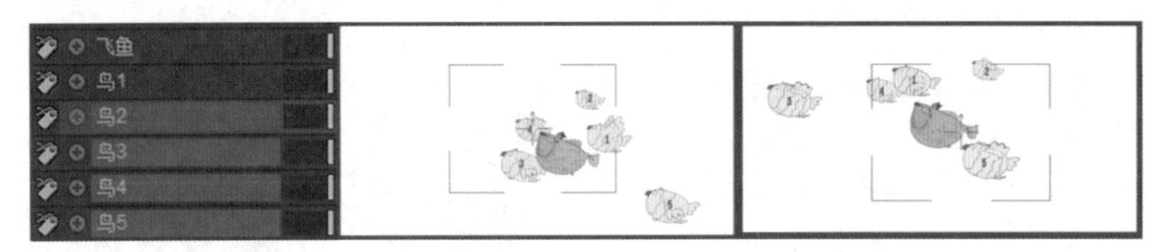

图 4-34
制作飞鸟图层位移动画

（4）在“飞鱼”图层之上新建图层，并命名为“鸟 6”。该图层位于最上层，因此，其中的画面元素最靠近观众，在近大远小的作用下，这一图层绘制的鸟儿体积最大。在该图绘制鸟儿飞翔的动画，利用补间动画使飞鸟从初始位置移动至结束位置，如图 4-35 所示。在其过程中，产生了对飞鱼的部分遮挡，这一设计使画面前景突出，层次分明。

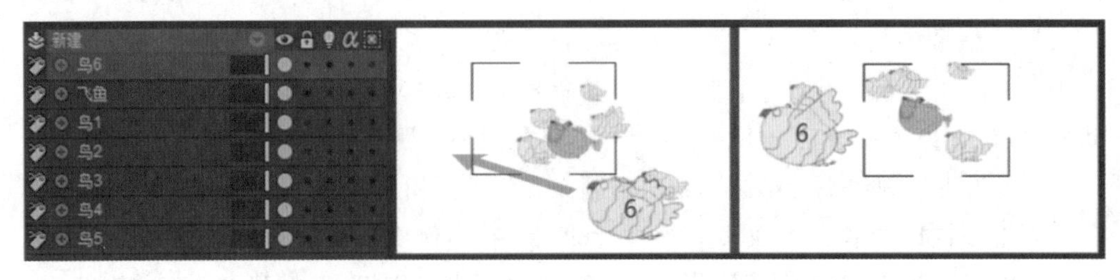

图 4-35
制作“鸟 6”图层位移动画

对“鸟 6”图层还可使用模糊特效。模糊特效可使动画整体具有景深效果，增加层次感。关于模糊特效的具体制作方法见后章内容。

（5）在所有图层下新建图层，并命名为“背景”。在这一图层中绘制天空背景。当播放预览画面后，会出现图 4-36 所示的动画效果。如果觉得鸟儿扇动翅膀的频率过于同步，我们可以直接拖曳不同图层在时间轴中的横向位置，使不同图层在时间维度中产生交错，交错差额在 3~6 帧即可。再次播放预览画面，可见图 4-37 所示效果。至此，飞鸟动画制作完成。

图 4-36
绘制背景后的动画效果

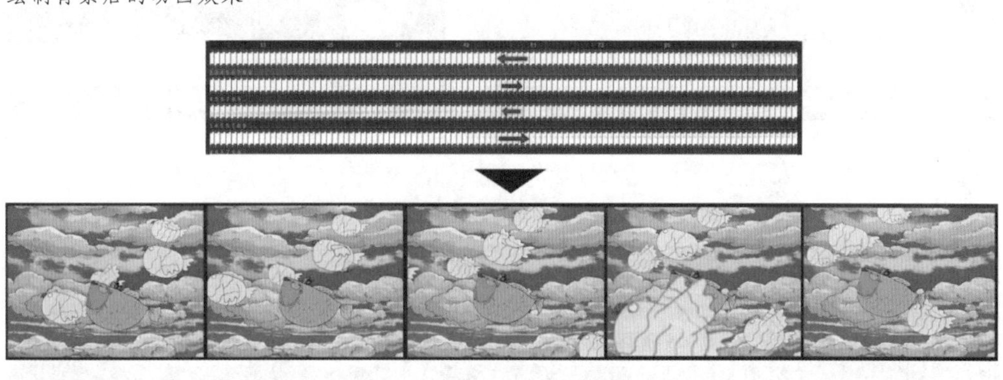

图 4-37
调整节奏后的动画效果

4.3　图层的其他功能

以上介绍了基本的图层功能，以及其重要作用及创建方法，并实现了多图层组成的、具有叠加关系的动画效果。本节将着重介绍图层的其他功能，如图层分组功能、图层面板收缩 / 展开功能、图层显示及锁定功能、图层合并功能、图层透明度调整功能及图层混合叠加功能等。

4.3.1　图层分组功能

由于工作习惯和工作需要，我们经常会对多个图层进行标注与分组。如本章案例中，角色线稿层与角色上色层，是表现动画角色的图层，明显区别于其他图层。因此，为了便于作者识别与操作，可以将这两组图层通过标注颜色与其他图层拉开差别。如图 4-38 所示，单击“角色 - 线稿”层中的蓝色区域，会出现一个颜色选择面板（见

图 4-39），选择此面板中的颜色，不对动画视觉效果产生任何影响，而只对操作界面中的图层显示效果产生影响。如我们选择“深蓝”，该图层在“项目工具栏”中会显示为深蓝色帧序列组（见图 4-40）。以同样的方法，对“角色 - 上色”层进行操作，表现角色的两个图层在所有图层中以蓝色呈现（见图 4-41）。当制作较为复杂的动画时，经常会叠加数十个图层，为选择方便，给予图层不同的颜色，会使图层形成不同的组群（如蓝色为一组群，红色为另一组群）。当进行许多操作时，可将应用位置设置为当前组群中，这样操作会作用于该组群中的所有图层。以此方法可大大提高工作效率，使动画制作更为简单快捷。

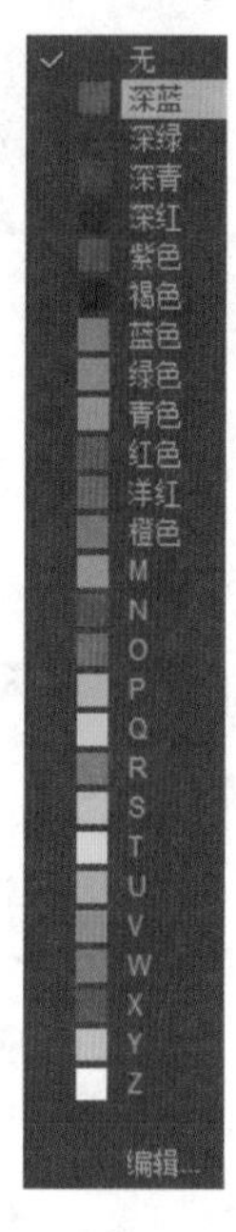

图 4-38（下）
图层颜色标注功能
图 4-39（右）
图层颜色标注选项

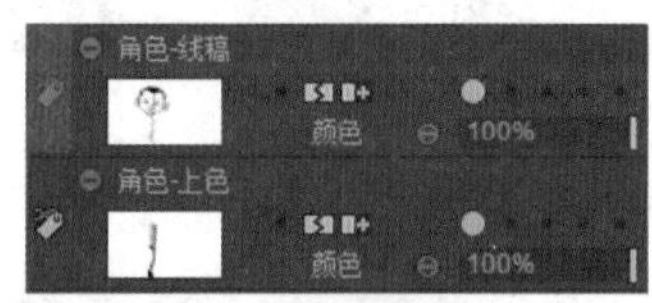

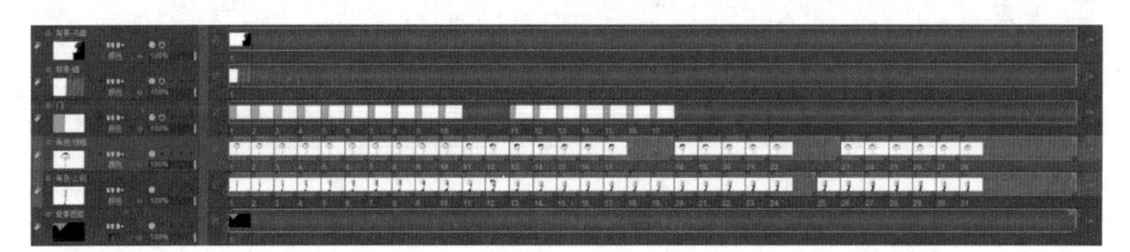

图 4-40
图层颜色标注后的效果

图 4-41
多图层标注同一颜色

4.3.2 图层面板收缩 / 展开功能

由于屏幕画幅有限，在制作动画过程中，图层越多，所占据操作视窗中的空间就越大。因此，图层面板收缩 / 展开功能显得尤为重要，该功能可最大限度压缩图层所占用的视窗面积，拓展画幅空间。对于数十组图层组成的规模较大的动画工程文件而言，此功能十分重要。如图 4-42 所示，单击“背景图层”中的蓝色区域，可将具有高度的图层面板变为扁平化的简略面板。如果将六个图层面板均收缩为简略面板，将大大节省图层面板所占用操作视窗的面积，如图 4-43 所示。并且，除显示图层中画面效果的信息外，其他信息（如帧数、色彩分组、显示状态及透明度状态等）均得以保留。

图 4-42
“背景图层”中的收缩 / 展开按钮

图 4-43
图层收缩后的效果

4.3.3　图层显示及锁定功能

除上述功能外，图层的显示与锁定功能也十分重要。在必要时需要关闭某些图层的显示状态，以查看该图层消失后的画面效果。另外，在修改某些图层的过程中，为了避免影响其他图层，可以锁定暂时不需要编辑的图层。

（1）图层的显示功能。如图 4-44 所示，当图层显示状态开启时，预览画面中的所有图层均呈现显示效果。如果需要查看去掉前景书桌的画面效果时，则单击图 4-45 中“前景 - 书桌”图层的蓝色区域标注的图层显示开关。此时，在预览画面中，前景书桌已消失，如图 4-46 所示。此时“前景 - 书桌”图层并非被删除，而是被隐藏于预览画面中。若需恢复，则再次单击“前景 - 书桌”图层中的显示开关，即可开启图层显示状态。

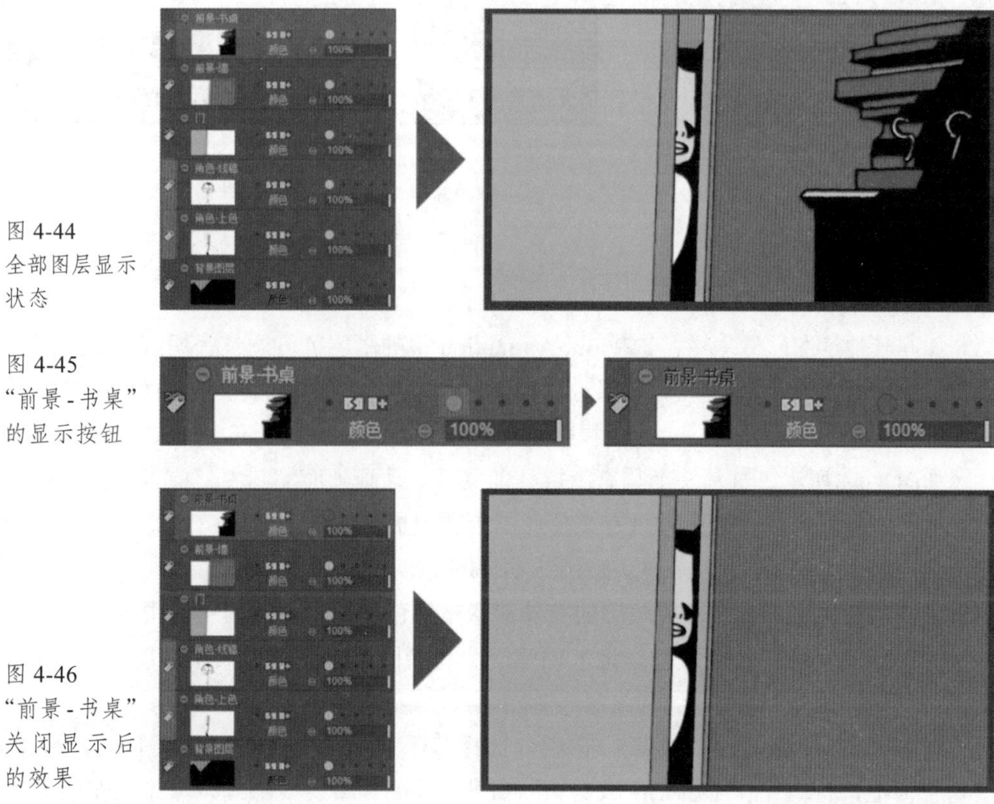

图 4-44
全部图层显示状态

图 4-45
“前景 - 书桌”的显示按钮

图 4-46
“前景 - 书桌”关闭显示后的效果

（2）图层的锁定功能。如图 4-47 所示，蓝色区域标注的是“显示开关”右侧按钮，单击后，光点变成锁的形状，即可对该图层进行锁定。当修改动画时，该图层将不会受到任何错误操作的影响。

图 4-47
“前景 - 书桌”的锁定按钮

4.3.4 图层合并功能

在本案例中，“前景 - 书桌”和“中景 - 墙”，均在其他图层之上，并且均为静止图层，因此可以选择合并这两个图层。

如图 4-48 所示，选中这两个图层，并单击蓝色区域标注的按钮。此时，界面中会弹出合并图层的子选项（见图 4-49），其中有“合并已选图层”“合并显示图层”与“合并全部图层”等选项。选择“合并已选图层”，所选中的两个图层便会合二为一，呈现出如图 4-50 所示的效果。

图 4-48
合并图层按钮

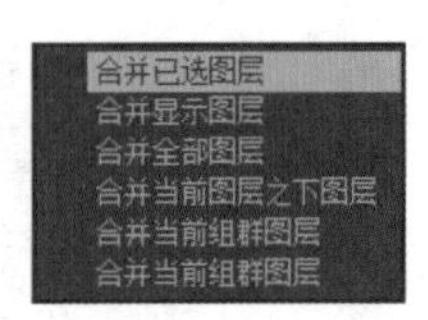

图 4-49
合并图层的选项

图 4-50
合并图层后的图层面板效果

4.3.5 图层透明度调整功能

如同其他绘图软件一样，TVPaint Animation 中的图层也可调整透明度，以达到动画中元素“虚实相衬”的视觉效果。同时，利用透明度所产生的变化来塑造如玻璃、雾气等透明效果，也是十分常用的操作方法。

如图 4-51 所示，这是一个具有图层叠加关系的动画画面。其中，前景有窗户和室外花叶，中景有人物角色，背景有桌椅、书柜和地板。该画面图层叠加关系如图 4-52 所示。现要为本例增加窗中的玻璃图层，并调整透明度。

可以从图层窗口看出，前两层的窗外前景被绿色标记，中间两层的中景被橙色标记，后两层的室内背景被紫色标记。创建一个崭新图层并命名为“窗户玻璃”，将该图层移动到“窗外 - 线稿”图层之上，如图 4-53 所示。

选中“主面板”中的“直线”选项，选择其子选项“填充线”，如图 4-54 所示。沿窗户内框进行填充，所填充区域会被“窗外 - 线稿”图层中的线条覆盖。在此基础上，进行适当修整，得到如图 4-55 所示的画面。

选择“窗户玻璃”图层中的蓝色区域进行拖曳，使该图层的透明度从 100% 变为 50%，如图 4-56 所示。通过画面可以看到，粉色玻璃呈现出半透明效果，如图 4-57 所

图 4-51
没有透明度的镜头画面

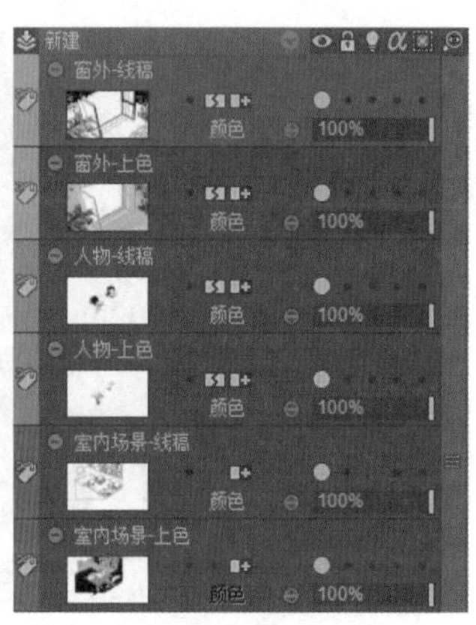

图 4-52
动画中的图层设计

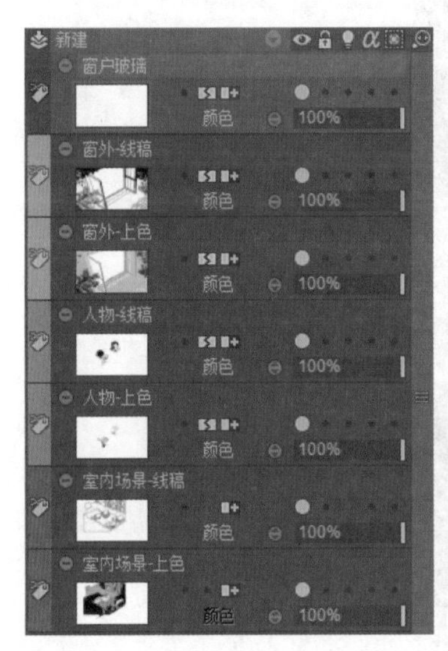

图 4-53
新建“窗户玻璃”图层

图 4-54
选择“填充线”工具

图 4-55
为“窗户玻璃”图层上色

图 4-56
调整“窗户玻璃”的透明度

示。透明度数值越高，图层越趋于不透明；透明度数值越低，图层越趋于透明；当透明度为 0 时，该图层则从画面中消失。如果想修改窗户玻璃的颜色，可以直接在该图层中进行调整，用绿色填充该图层区域，会得到如图 4-58 所示的效果，画面中玻璃颜色呈绿色半透明状。如果想修改窗户玻璃为渐变色，可以依据第 3 章中所介绍的渐变色填充方法，得到如图 4-59 所示的效果，即窗户玻璃呈现出由绿色渐变到黄色的效果。

图 4-57
具有透明度的动画画面

图 4-58
替换“窗户玻璃”图层的色彩

图 4-59
具有渐变色彩的“窗户玻璃”图层

4.3.6 图层混合叠加功能

除上述功能外，图层也可实现混合叠加的功能，使画面内容丰富、层次分明、细节饱满。在项目文件中导入一张肌理斑驳的墙面素材图，如图 4-60 所示。将其作为图层，并命名为“素材”，置于其他图层之上，如图 4-61 所示。由于素材图层是最上面的图层，且透明度为 100%，因此预览画面中，仅显示素材图层。调整该图层的透明度，将 100% 调整为 50%，如图 4-62 所示。预览画面即可呈现如图 4-63 所示的效果。即素材图层呈半透明状，叠加于角色与背景之上。

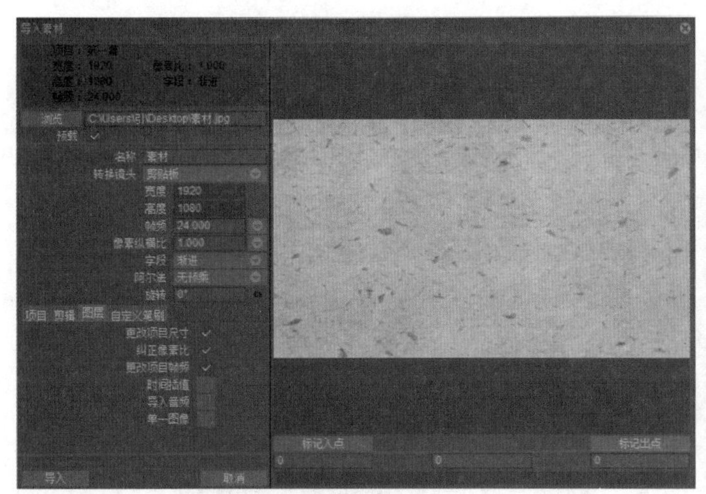

图 4-60
导入素材图层设置

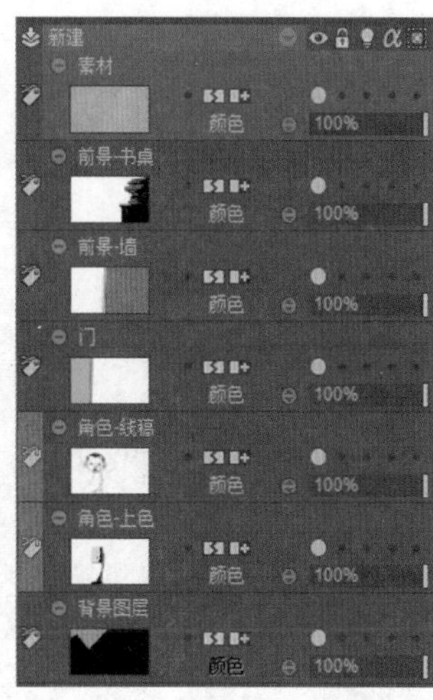

图 4-61
导入素材图层后的图层面板

图 4-62（上）
“素材”图层的透明度调整区域

图 4-63（左）
透明度设置为 50% 后的预览画面

在此基础上，还需要调整图层间的混合叠加方式。如图 4-64 所示，素材图层面板中，透明度滑标之下的蓝色区域，有一个选项为“颜色”。此区域中的选项，可控制该图层与其他图层间的混合叠加方式。单击蓝色区域，会出现如图 4-65 所示的子选项，在其中选择“乘法”，更换混合叠加方式。即弱化了材质图层自身的颜色特征，同时保留肌理质感，使预览画面达到如图 4-66 所示的视觉效果。在混合模式中，还有如颜色、屏幕及数值等选项，综合运用会产生不同的视觉效果。

图 4-64
“素材”图层的颜色叠加功能

颜色
背后绘图
消除
变暗
变亮
着色
色调
饱和度2（Saturate2）
数值
加法
减法
乘法
屏幕
替换
备用图像
差值
分割
覆盖
覆盖2
减淡（亮度2）
加深（暗淡2）
强光
柔光
提取粗糙度
合成粗糙度
减法
仅变暗
仅变亮
Alpha Diff（仅阿尔法）

图 4-65（左）
混合叠加功能选项

图 4-66（下）
乘法混合叠加后的预览画面

4.4 镜头运动的实现

4.4.1 推拉摇移的实现

推拉摇移是电影中最常见的镜头运动手段。观众可在动画中体验摄影机的运动方式，作者则可利用镜头运动讲述故事、传递情绪。本节以宫崎骏导演的动画作品《千与千寻》为例，简要介绍推拉摇移在 TVPaint Animation 中的实现方法。表现镜头运动主要依靠主面板中的“摄影机”工具（见图 4-67 中的蓝色区域）。该工具以补间动画的形式表现镜头的推拉摇移，即通过“摄影机”规划镜头运动方式，计算机自动生成中间帧，实现镜头运动的视觉效果。

图 4-67
主面板中的“摄影机”工具

（1）推镜头。即摄影机靠近被摄物体，表现为镜头内物体越来越大。推镜头一般用来聚焦画面中的核心信息，进而影响观众的心理感受，如图 4-68 所示。

图 4-68
推镜头的效果

在 TVPaint Animation 中，单击“摄影机”工具，在项目中会出现绿色画框，向画面内部拖曳画框的四个边角进行缩放，直至合适的大小，即出现一个较小的蓝色画框。绿色画框是镜头起始的显示区域，蓝色画框是镜头结束的显示区域。如此便可实现一个简单的推镜头效果，如图 4-69 所示。

（2）拉镜头。与推镜头相反，拉镜头为摄影机远离被摄物体，表现为镜头内物体越来越小。通过拉镜头可逐步展开场景，给予观众更为广阔的视野，使观众产生冷静、宏观的心理感受，如图 4-70 所示。与推镜头相似，在“摄影机”工具选中情况下，将绿色画框的面积缩小，聚焦于角色身体，再将蓝色画框面积拉伸至全景。绿色画框是镜头起始的显示区域，蓝色画框是镜头结束的显示区域。如此便可实现一个简单的拉镜头效果，如图 4-71 所示。

图 4-69
推镜头的实现

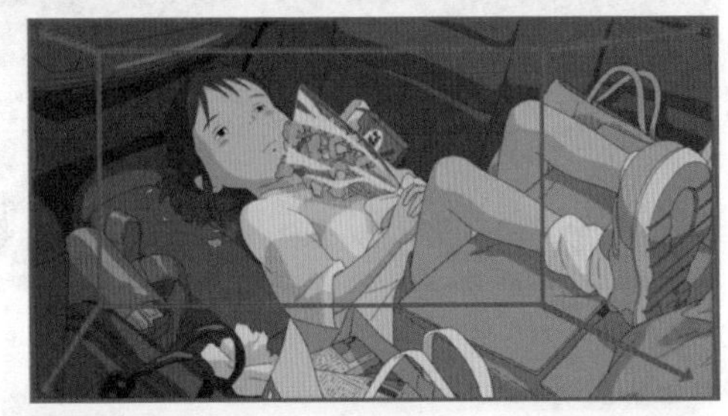

图 4-70（上）
拉镜头的效果

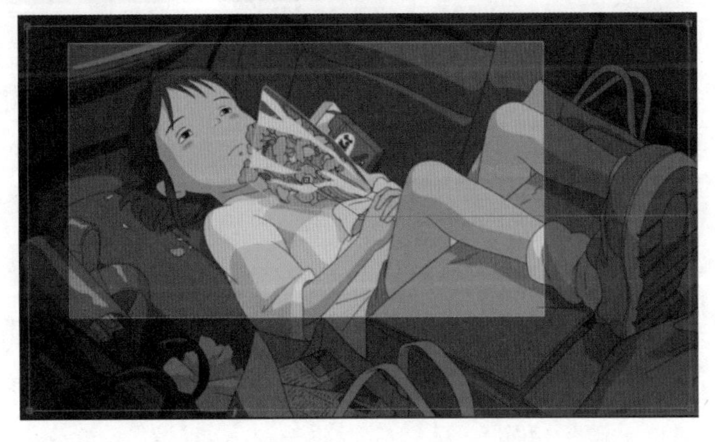

图 4-71（右）
拉镜头的实现

（3）移镜头。即摄影机角度不变，位置发生变化。表现为镜头内的景物发生平移。移镜头可表现较强的动感，使观众在不断变化的场景中，跟随被摄物体去体验场景的流动感，图 4-72 是一个典型的移镜头，场景透视未发生变化，角色始终处于镜头中心，场景则向左移出镜头。

图 4-72
移镜头的效果

在横向展开的场景中，通过“摄影机”工具创建绿色和蓝色画框，拖曳画框的轴线使其产生位移，绿色画框显示场景左侧画面，蓝色画框显示场景右侧画面。绿色画框是镜头起始的显示区域，蓝色画框是镜头结束的显示区域。如此便可实现一个简单的移镜头效果，如图 4-73 所示。

图 4-73
移镜头的实现

（4）摇镜头。即摄影机位置不变，角度发生变化。表现效果和我们人类站在原地摇头动作所看到的景象类似。在二维动画中，摇镜头和移镜头的实现方法是一样的，只是对绘制背景有特殊的要求，图 4-74 所示是一个典型的摇镜头的背景，其特点是具有比较大的透视，呈中间大、两头小的状态。同时，起始镜头为仰视，而终止镜头为俯视，就像在超大广角镜头中看到的一样。与移镜头相似，在“摄影机”工具下，绿色画框显示场景顶部画面，蓝色画框显示场景底部画面。绿色画框是镜头起始的显示区域，蓝色画框是镜头结束的显示区域。因为场景本身具有透视设计，所以播放时便可实现一个简单的摇镜头效果，如图 4-75 所示。

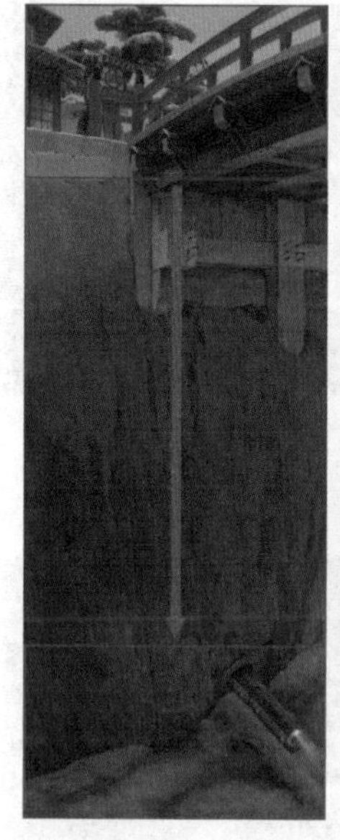

图 4-74（左）
摇镜头的效果（下方俯视透视，上方仰视透视）
图 4-75（右）
摇镜头的实现

4.4.2　拉镜头动画案例

TVPaint Animation 中的“摄影机”工具，可以较为方便地实现推拉摇移的效果。

图 4-76 是男孩从远处奔向近处的一个镜头，如果镜头跟随男孩的方向使用拉镜头的方式，则会增强观众与角色的“共情”，使观众更易于进入动画营造的世界中。在主面板中打开“摄影机”功能，预览画面中会出现绿色画框，意味着播放起始会呈现绿色画框中的全部画面，如图 4-77 所示。

图 4-76
男孩由远处奔向近处的一组动画

图 4-77
“摄影机”画框

拖曳绿色画框的四个边界点，使其范围缩小，如图 4-78 所示。此时，播放起始的画面仅呈现画框内的范围。拖曳画面的中心点至角色身上，绿色画框的位置也随之移动至角色位置，如图 4-79 所示。此时，播放起始画面不仅呈现画框内的范围，同时也聚焦于角色。当拖曳绿色画框由中心点至边框的轴线时，会在松开鼠标的位置呈现蓝色画框，拖曳其四个边界点，使蓝色画框放大，呈现如图 4-80 所示的状态。在这一阶段，蓝色画框内的画面，意味着镜头运动的结束画面。

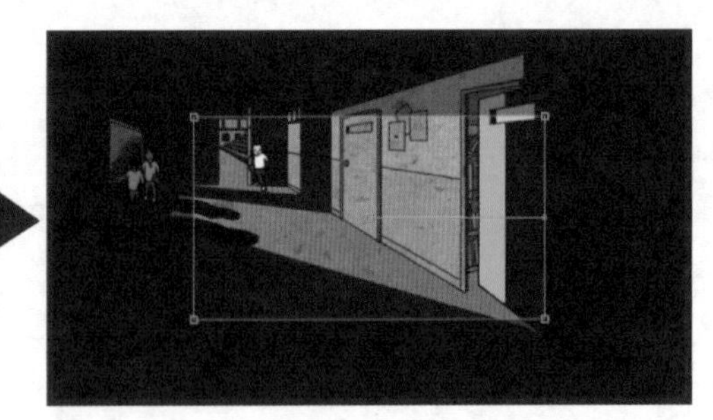

图 4-78
拖曳“摄影机”画框的边界点使画框缩小

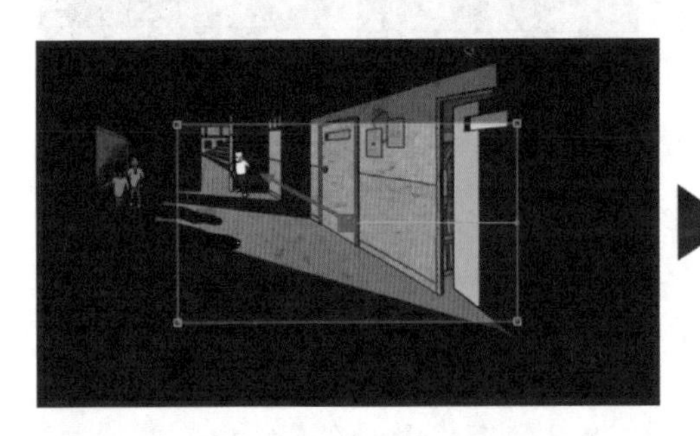

图 4-79
拖曳“摄影机”画框的中心点使画框位移

图 4-80
拖曳“摄影机”画框的轴线使画框产生运动

在播放工具中选择“摄影机预览”选项（见图 4-81 中的蓝色区域）。再单击播放按钮，即可见由内向外、由近及远的匀速拉镜头运动，如图 4-82 所示。

图 4-81
开启“摄影机预览”模式

从图 4-82 中可以看到，由于摄影机的默认运动为匀速运动，所以在第 20 帧、第 50 帧及第 70 帧，场景一直处于变化中。这就产生了一个问题：镜头运动速度与角色运动速度不匹配，当角色停顿时，镜头仍在运动中。针对这一问题，需要调整镜头运动的速度与节奏，使其匹配于角色运动。如图 4-82 中第 50 帧画面，角色已停止向镜头奔跑的动作，但在第 70 帧中，摄影机仍在持续进行拉镜头运动，这与本镜头的设计不符。在此需要让镜头运动停止于第 50 帧。

图 4-82
预览画面出现镜头运动效果

在“工具：摄影机”面板中，单击“时间轮廓”（见图 4-83 中的蓝色区域），即弹出“轮廓：摄影机时间 / 位置”面板。其中的网格面板上，有表示“位置”的纵向坐标轴，与表示“时间”的横向坐标轴。此外，还有红蓝两色的线条，红色线条垂直于横向坐标轴，标识其时间属性。如图 4-83 所示，红色线条与横向坐标轴相汇处标有数字 20，意味着当前编辑对象为第 20 帧。蓝色线条斜切于纵向坐标轴与横向坐标轴之间，意味着其具有调节“位置”与“时间”关系的功能，即需要通过调整蓝色线条来改变镜头运动的速率。

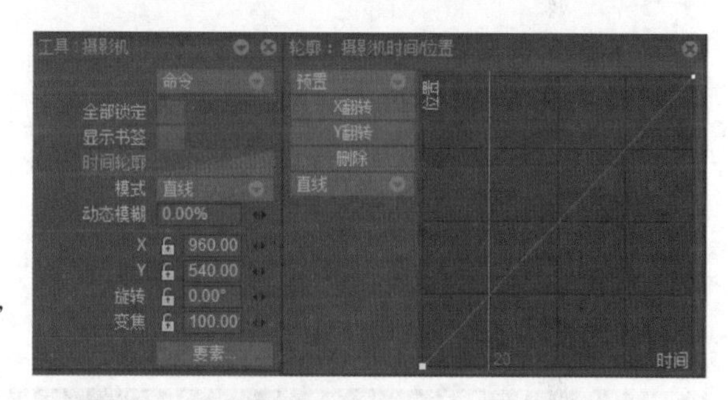

图 4-83
开启“工具：摄影机”中的“时间轮廓”曲线图

在网格面板中，红色线条位置为第 50 帧，即当前帧为第 50 帧。蓝色线条呈直线状，即镜头以匀速从绿色画框运动至红色画框处。在此模式下，绿色画框为起始镜头，红色画框为结束镜头。蓝色画框为当前镜头，即表现第 50 帧镜头所包含的画面。在网格面板中单击蓝色线条与红色线条交汇的位置，会自动创建黄色节点，通过调整节点的位置，可以调整镜头运动的整体节奏。其中，坐标越靠下，当前镜头位置越趋近于起始镜头位置，坐标越靠上，当前镜头位置越趋近于结束镜头位置，如图 4-84 所示。

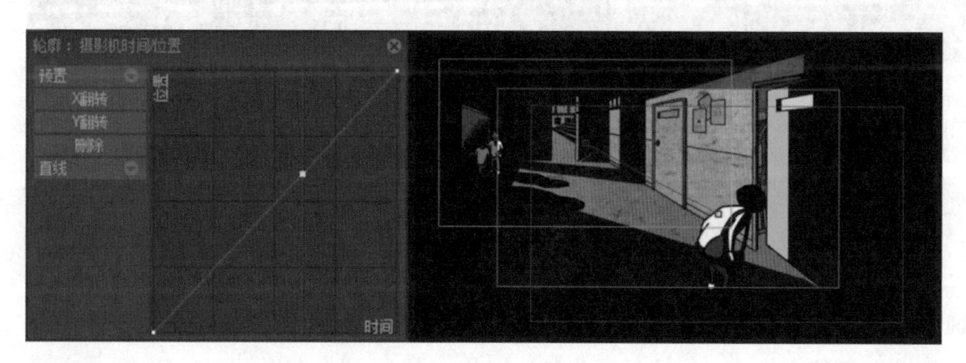

图 4-84
匀速（直线）状态下的预览效果

在网格面板中将节点向下（趋近于起始镜头）移动，预览画面中的蓝色画框的位置便趋近于绿色画框，如图 4-85 所示，意味着起始镜头向当前镜头（第 50 帧）的运动速度被加快，而当前镜头向结束镜头的运动速度被减缓。网格面板中的蓝色线条由直线变为折线，意味着镜头运动节奏由“匀速运动”变为“变速运动”。

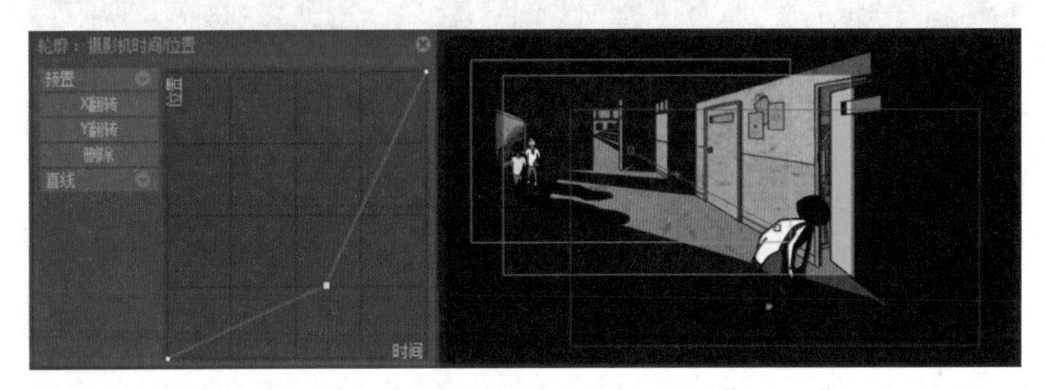

图 4-85
快入慢出状态下的预览效果

由于调整镜头运动节奏是为了与镜头中角色运动节奏相匹配，因此，当角色运动在第 50 帧停顿时，需要使镜头运动也停滞于第 50 帧。在“轮廓：摄影机时间 / 位置”面板中的第 50 帧处，将节点向上移动至最顶端，预览画面中的蓝色画框的位置便与红色画框重合，如图 4-86 所示，意味着当前镜头（第 50 帧）与结束镜头重合，即镜头的运动在第 50 帧结束。

图 4-86
于第 50 帧停止镜头运动的预览效果

镜头运动节奏调整完毕后，以摄影机视角预览播放时，镜头运动节奏呈现如图 4-87 中的状态。其中，第 20 帧画面与第 50 帧画面存在明显的镜头运动，而第 50 帧画面至第 70 帧画面，其镜头运动停止。镜头运动节奏与角色运动节奏产生匹配关系。

通过反复预览动画发现，虽然拉镜头运动在第 50 帧停止，但是停止的方式十分生硬，即速度突然变为零，这会显得非常机械化。因此，将“急停”的镜头运动变为“减速停止”十分重要。在补间动画中，需要依靠速度曲线来进行加减速的调节。

图 4-87
调整节奏后的镜头运动效果

如图 4-88 所示，我们可见“轮廓：摄影机时间 / 位置”面板中，蓝色线条在第 50 帧发生弯折，呈折线状，这意味着以“急停”方式结束镜头运动。如果我们改变蓝色线条的弯折方式，将“折线”变为“曲线”，镜头运动便会逐渐减速并最终停止，这更符合物理规律。在 TVPaint Animation 中实现镜头运动减速停止的方法十分简单，即在“轮廓：摄影机时间 / 位置”面板中，将“直线”更改为“样条曲线”，便可使速度曲线由“折线”变为“曲线”，实现镜头运动的“缓停”效果。值得注意的是，由于镜头运动停止时间需要与画面进行匹配，因此，有必要在时间轴中将“曲线”前移至第 45 帧，为镜头逐渐减速的过程腾出足够的时间，确保第 50 帧中镜头完全静止，如图 4-88 所示。

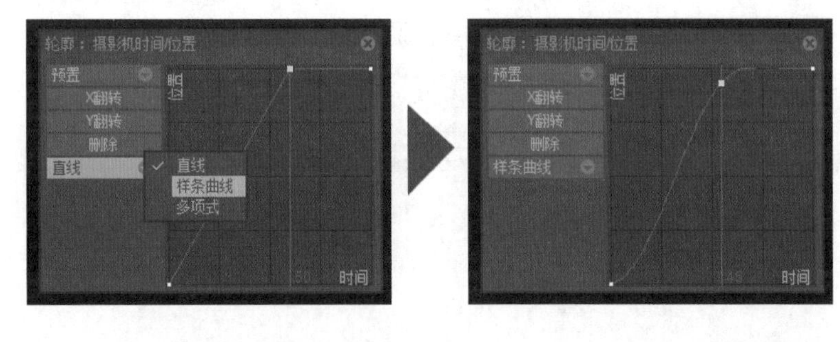

图 4-88
“轮廓：摄影机时间 / 位置”中，“直线”变为“样条曲线”

另外，除镜头运动之外，TVPaint Animation 中的其他补间动画（如位移、缩放等），均可通过速度曲线来调整运动节奏，实现“加减速”效果。在“FX 堆栈”面板中，单击“进度剖面图”（见图 4-89 中的蓝色区域），即可弹出关键帧的速度曲线。与摄影机速度曲线一样，将“直线”改变为“样条曲线”，即可改变位移、缩放等补间动画的运动方式，使其产生“加减速”等运动效果。应用恰当的变速设计，会大大提高补间动画中的运动张力，使本身略显生硬的计算机生成动画具有一定的“生命力”。

虽然 TVP Animation 在动画绘制、帧编辑、镜头运动等方面功能强大，并致力于成为一个功能全面的动画制作软件，但在后期制作方面，仍与专业软件（Premiere、After Effect 等）在直观性与便利性方面存在较大差距。因此，第 6 章将介绍 TVP Animation 如何与其他后期制作软件进行搭配与互补，高效高质地制作动画作品。

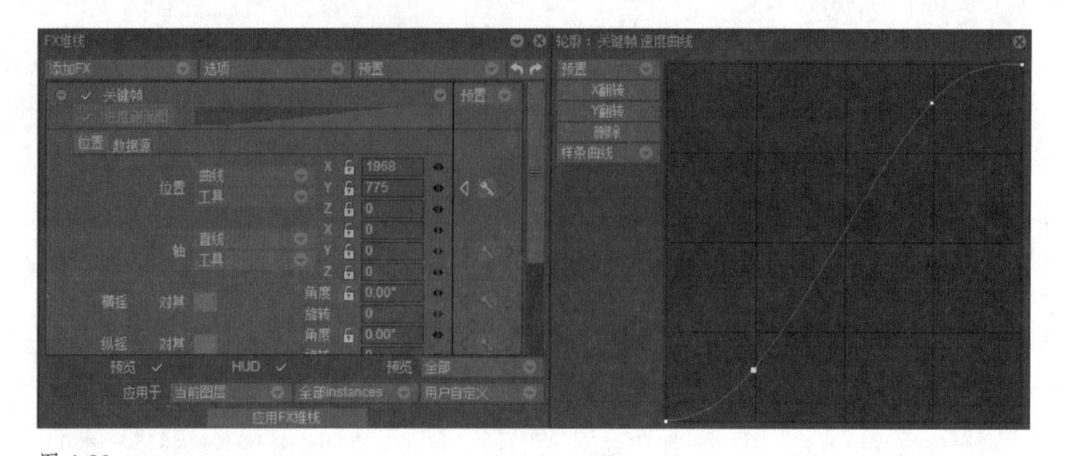

图 4-89
“FX 堆栈”中的关键帧速度曲线

课后题

（1）制作一个至少由五个图层组成的动画。并且包含静止图层和序列帧动画图层。

（2）为该动画叠加一层纹理素材，并选择合适的素材颜色叠加方式。

（3）制作一个具有镜头运动的动画。

剪辑与声音的制作

5.1 动画剪辑的基本思路

动画的剪辑和实拍电影的剪辑在流程上有很大的不同。实拍电影的剪辑是在后期完成的，即拍摄完成后，导演或剪辑师面对庞杂的素材，从中挑选、编辑、连接镜头，进行“二次创作”，所以，一个好的剪辑师从某种意义上来说能够拯救一部拍摄平庸的电影；而动画片的剪辑其实分为两步，艺术剪辑和物理剪辑——艺术剪辑是在分镜头阶段进行的，也可以说分镜头其实就是剪辑，剪辑被“前置”了，而动画片的物理剪辑指的是后期的剪辑，即按照分镜头将影片连接到一起（当然，也需要根据实际效果做少量的编辑），没有更多的艺术创作成分。而本章讲述的便是物理剪辑的方法。

TVPaint Animation 中，会以“项目”为单位来制作每一个镜头。通常情况下，动画由多个镜头组成，因此，在制作动画的过程中，可依据分镜头台本对“项目”的先后顺序进行排列、调整与删除。在 TVPaint Animation 中，多组图层组成一个动画场景镜头，这被称为“项目”，再由多组前后关联的项目，组成完整的动画作品。因此，可以将每一帧“图像”理解为一页页纸张，将“图层”理解为由一页页纸张组成的一本书，再将“项目”理解为容纳一本本书的抽屉，再由一组组抽屉组合成“整体项目”（即最终成片），如图 5-1 所示。

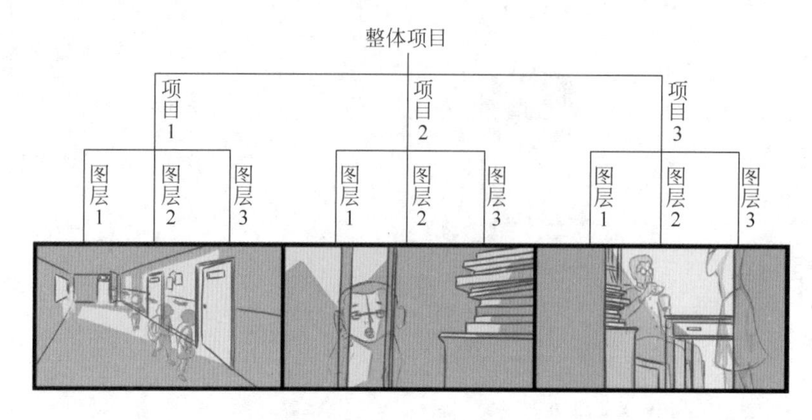

图 5-1
TVPaint Animation 中“项目”与“图层”的关系

一般情况下，动画片的剪辑制作流程是这样的：在诸如 TVPaint Animation 或者 Flash（Animate）等动画软件中以镜头为单位制作完成后，导出无压缩的序列帧，然后导入到剪辑软件中进行连接、编辑和配音，并输出最终成品。

在这里，需要就两个方面作出解释。

第一，为什么不在同一个软件中完成整个中后期的制作？利用 TVPaint Animation 制作短片时，通常在一个项目文件中，就可完成全部工作，甚至只在一个时间轴上就可全部完成。但是，影视动画一般具有较长的篇幅，期望在一个时间轴上完成全部工作不太可能（冗长的时间轴和庞大数量的图层会使编辑效率变得低下）。所以，无论是二维动画还是三维动画，在篇幅较长时，通常是将动画片“分而治之”，即以镜头为单位，在相应软件（如二维的 Flash、TVPaint Animation，三维的 3d Max、Maya）中制作，之后以无压缩的格式输出到剪辑软件中再剪辑。

第二，为什么是无压缩？尽管最后成片输出可以是任何压缩算法的格式，但是作为中间过程，必须保证影像质量的信息不损失。因为如果在中间软件文件传递过程中（如从 TVPaint Animation 到 Premiere）采用有质量损失的压缩算法，最后即使成品的输出质量再高，这个损失也是无法挽回的。更何况我们在制作动画片的时候，常常要经过不止两个软件的加工编辑（还可能进入 After Effect 等特效软件），如果在每次软件输出输入过程中都采用损失一定质量的压缩算法，那么最后成品的影像质量将非常低劣。

通过上文描述，剪辑分为两个步骤。

（1）粗剪。在 TVPaint Animation 中对项目文件（镜头）进行大致的顺序编排。

（2）精剪。在 Premiere 中进行剪辑并配音。

5.2 剪辑方法

5.2.1 项目编辑

图 5-2 为三个镜头的分镜头台本，第一个镜头表现男孩奔向镜头并推开右侧门，第二个镜头是男孩向屋内张望的近景镜头，第三个镜头则呈现屋内有男女教师在彼此交谈。在此，需要建立三个项目。

图 5-2
分镜头台本中的连续镜头

当第一个项目（镜头）绘制完成后，从“剪辑：时间轴”窗口切换至“项目”窗口，会发现项目 1 出现在“项目”窗口中，如图 5-3 所示。单击图 5-4 中蓝色标识的按钮，在项目 1 之后创建两个新项目。鼠标移到新项目标题上（见图 5-4 中红色区域），双击并修改名称，使“项目”窗口中存在 1、2、3 三个项目，如图 5-4 所示。单击项目即可进入该项目的“剪辑：时间轴”窗口。

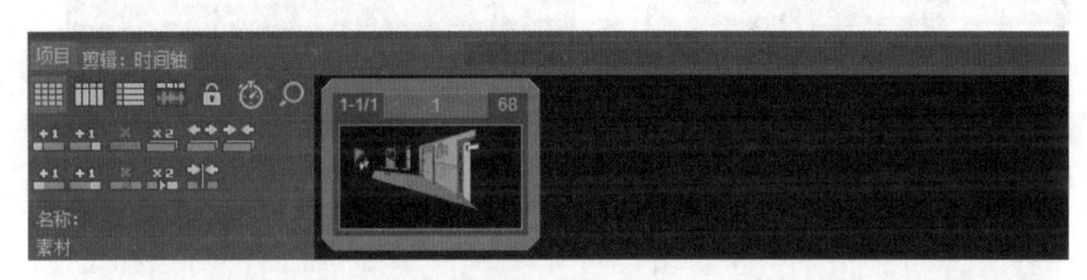

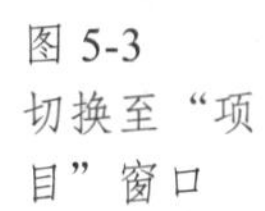

图 5-3
切换至“项目”窗口

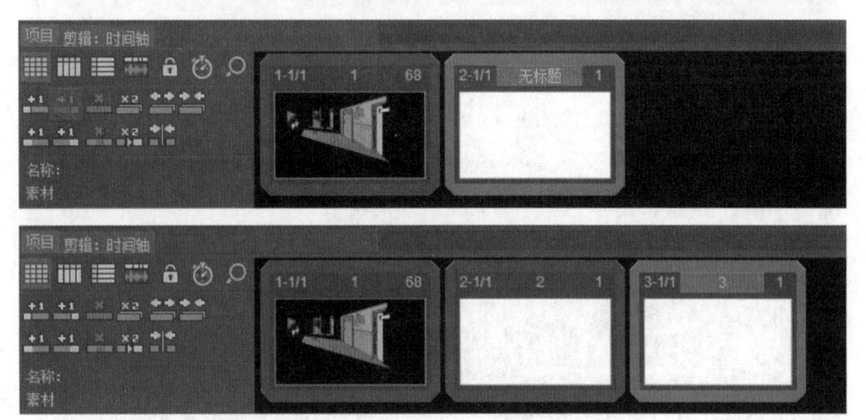

图 5-4
在项目 1 后新建两个项目

依据分镜头台本对 2、3 两个空白项目进行绘制，最终得到如图 5-5 所示的效果。在“项目”窗口中，每个项目都会有单独的预览画面，鼠标指针移动至项目上，预览画面会呈现出动画效果。如果在“项目”窗口下单击播放按钮，预览动画则会将三个项目所组成的整体效果呈现出来，当单击进入某一项目中，窗口会自动切换至该项目的“剪辑：时间轴”窗口，在此状态下，单击播放按钮，则只呈现该项目内的动画效果。

项目面板中还有删除、复制等功能。此外，用鼠标拖曳项目可调整项目在窗口中的位置，以此改变项目播放的顺序。用鼠标拖曳项目 1 至项目 2 右侧，则预览效果的播放顺序变为项目 2 →项目 1 →项目 3，如图 5-6 所示。

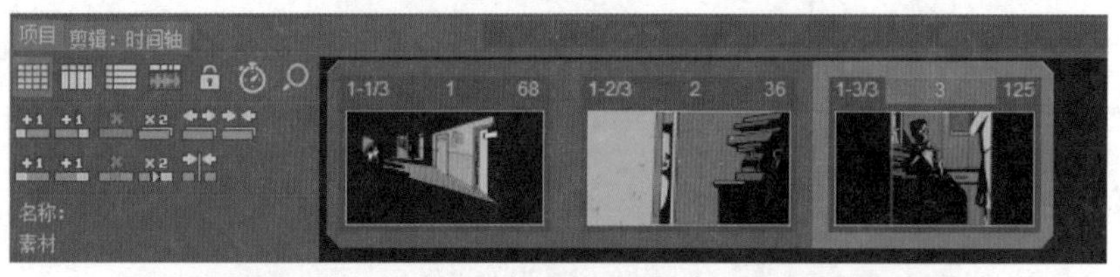

图 5-5
依据分镜头台本完成三个镜头的绘制工作

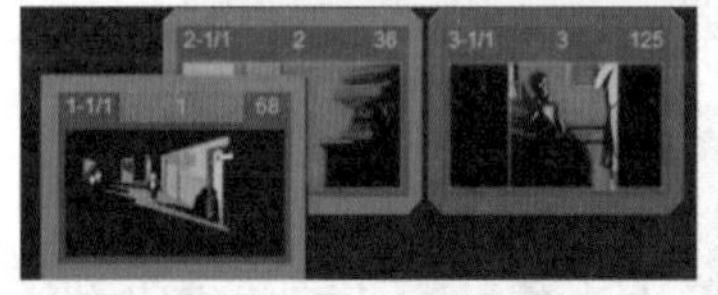

图 5-6
拖曳项目 1 调整项目播放顺序

在多人参与制作的动画项目里，镜头的说明信息有时是十分重要的。导演需要对项目进行文字说明与介绍，同时将需求与限制标注清晰。在此情况下，TVPaint Animation 中的项目显示功能较为实用，如图 5-7 所示，单击蓝色区域的按钮，将项目纵向简介列表呈现于“项目”窗口中。每个项目都有“动作内容”“对白”和“注释”窗口。在窗口中，作者可以输入文字信息，以便他人查阅与参考。如果需要记录的内容较多，可以单击图 5-8 中蓝色区域的按钮，以开启项目横向简介列表。在此列表中，作者可输入更多且具体的文字意见及修改方案。

图 5-7（左）
展开项目纵向简介列表

图 5-8（下）
展开项目横向简介列表

5.2.2　整体剪辑

粗剪阶段将镜头（项目）按先后顺序进行排列，并存于一个主项目中。下一步，需要将 TVPaint Animation 中的动画输出成无损序列帧文件，并导入 Premiere 进行进一步精剪。

在 TVPaint Animation 项目窗口中有五组镜头，如图 5-9 所示。

镜头 1（sc-01）——投球手准备投球；

镜头 2（sc-02）——棒球被投掷出去，并迅速飞向棒球手；

镜头 3（sc-03）——棒球手面部特写；

镜头 4（sc-04）——棒球手击中棒球；

镜头 5（sc-05）——棒球被击中后飞向天空。

图 5-9
项目窗口中的五组镜头

通常情况下，如果仅需要对影片进行剪辑，不需要进入其他软件添加特效，此时可以在同一个文件夹中直接将五个镜头生成连续的序列帧，这样做的好处是简单快捷。导入 Premiere 中后，将呈现整个影片的所有序列帧，在此基础上进行剪辑更加方便。其方法为：单击“文件”→“导出至”，会弹出“文件导出”界面，在此有文件导出的范围选项。选择“项目：显示”，即以全部五个镜头为导出范围，最终生成的序列帧涵盖五个镜头的全部画面。第 20 帧为投球手投球，第 120 帧为棒球手呐喊，第 200 帧为球飞向天空，如图 5-10 所示。

图 5-10
导出整部影片的序列帧

如果我们需要用其他软件对影片添加特效，则需要将每个镜头分别置入不同文件夹，进行分别特效处理，如图 5-11 所示，选择“剪辑：显示”，即以选中的剪辑项目为导出的范围，最终生成的序列帧仅包含该剪辑项目的画面。

我们进入镜头 1 项目中，单击“文件”→“导出至”，操作界面便弹出“文件导出”面板。在“剪辑：显示”状态下，设置导出路径为 sc-01 文件夹；“导出设置”为图像组（即序列帧）；“格式”选择 JPG 图像格式，“画质”调整至 100，“视图”选择为项目，在最下方面板中，选中“背景”“纠正像素比”和“拉伸帧频”，如图 5-12 所示。设置完成后，单击“导出”选项，软件将自动在导出路径中创建 sc-01 文件夹，并将本项目无损序列帧图像储存于 sc-01 文件夹中。将其他几个镜头依次输出为序列帧，最终生成五个储存序列帧的文件夹。

图 5-11（左）导出选中镜头的序列帧

图 5-12（下）将镜头 1 输出

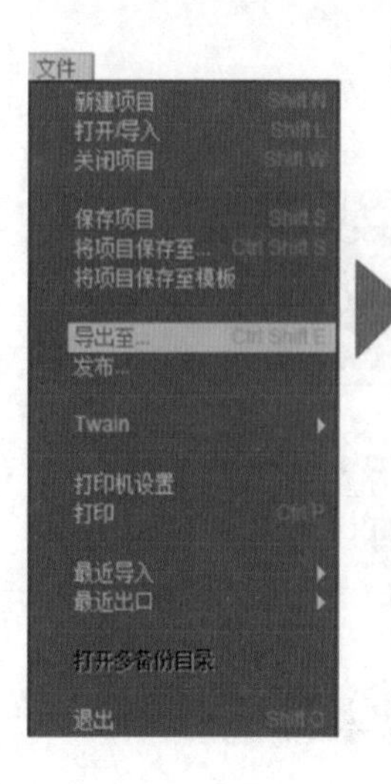

sc-01 文件夹包含 50 张图片序列帧，文件格式为 JPG，表现投球手投掷棒球的画面，如图 5-13 所示。

sc-02 文件夹包含 40 张图片序列帧，文件格式为 JPG，表现棒球飞向击球手的画面，如图 5-14 所示。

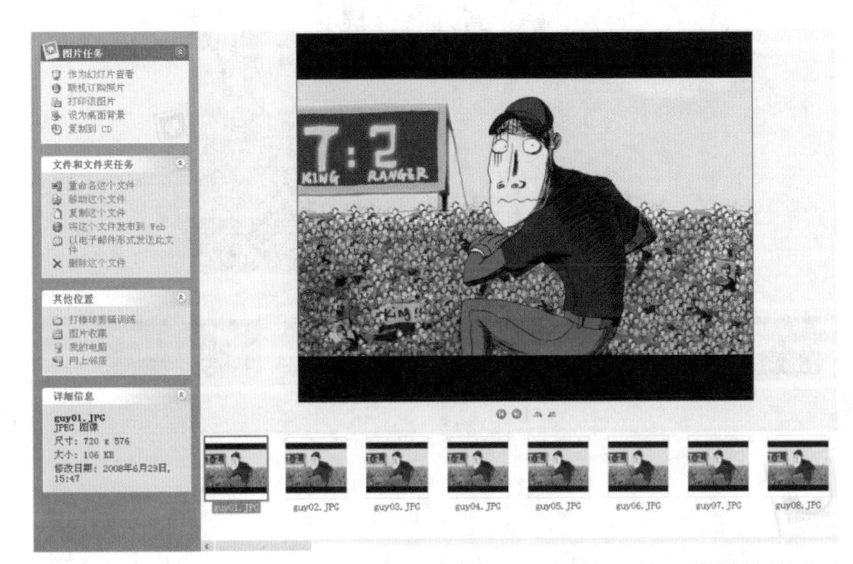

图 5-13（左）
镜头 1 的序列帧

图 5-14（下）
镜头 2 的序列帧

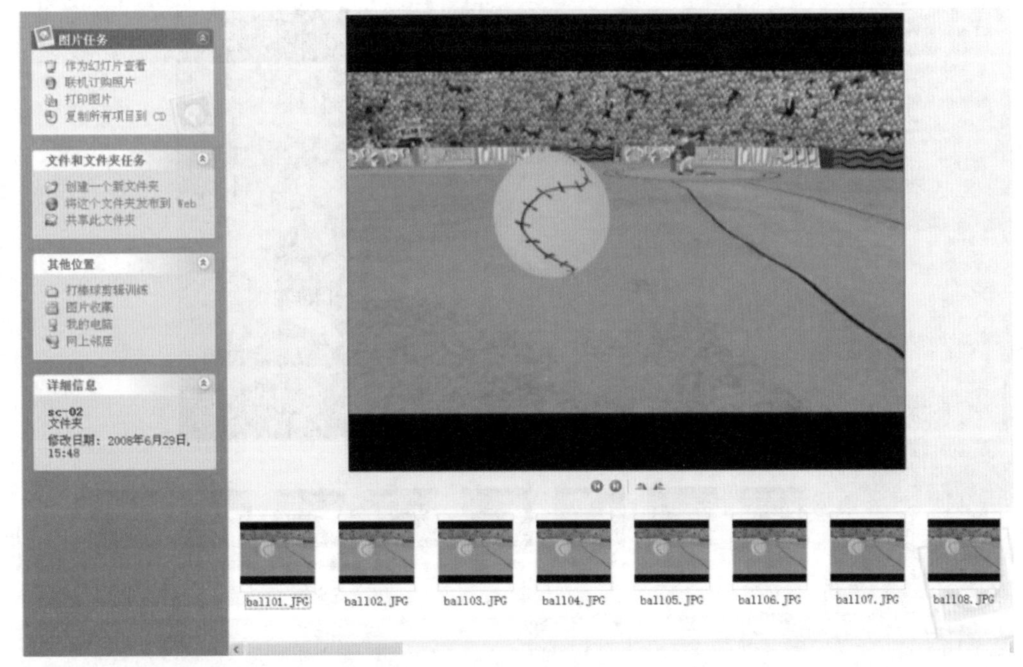

sc-03 文件夹包含 29 张图片序列帧，文件格式为 JPG，表现击球手大喊的画面，如图 5-15 所示。

sc-04 文件夹包含 24 张图片序列帧，文件格式为 JPG，表现击球手击打棒球的画面，如图 5-16 所示。

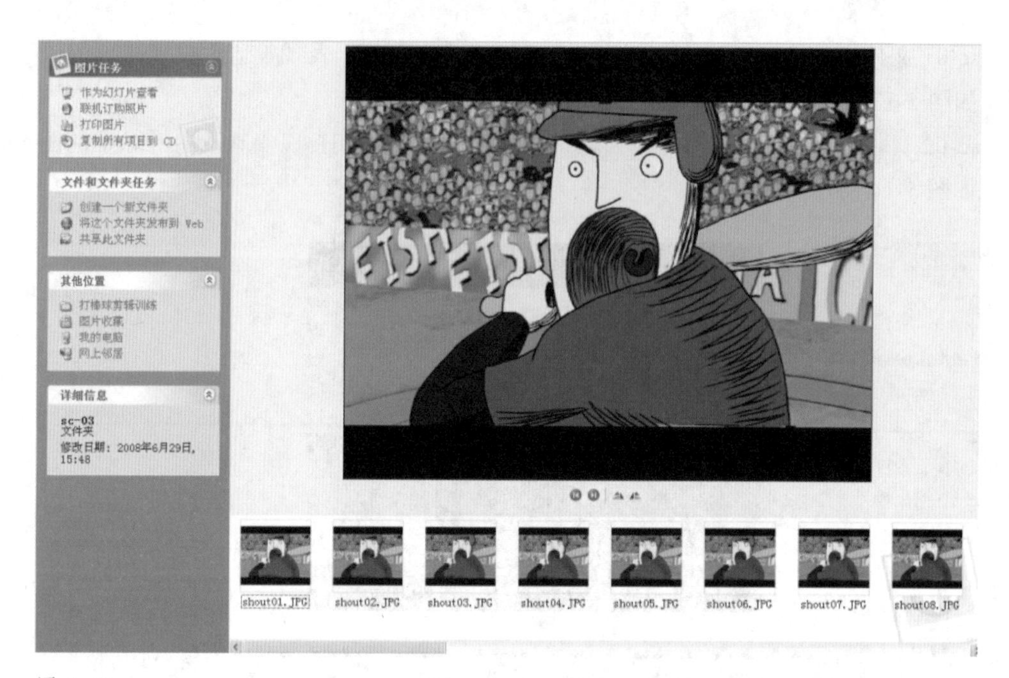

图 5-15
镜头 3 的序列帧

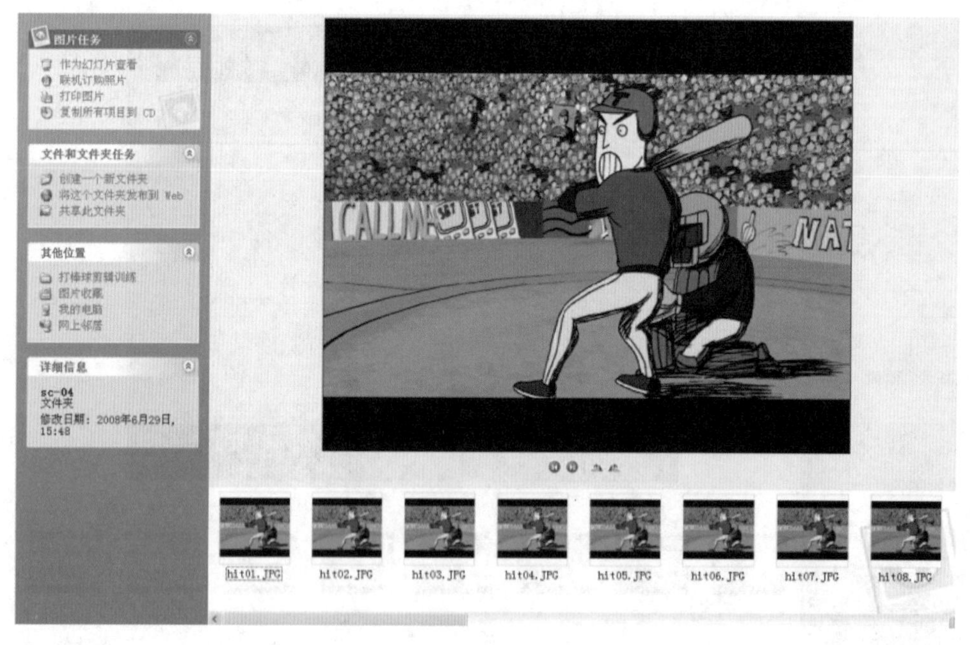

图 5-16
镜头 4 的序列帧

sc-05 文件夹包含 23 张图片序列帧，文件格式为 JPG，表现投球手看棒球飞出体育场的画面，如图 5-17 所示。

此外，需要准备储存声音的 Sound 文件夹，其中包含五个声音文件。

图 5-17
镜头 5 的序列帧

打开 Premiere，新建项目并定义路径和名称，在项目中新建序列，选择“设置”→“编辑模式”→“自定义”命令，即可自定义项目画面大小等数据，此时新建的项目画面大小为 1920×1080 像素[①]，速率为 25 帧/秒，如图 5-18 所示。

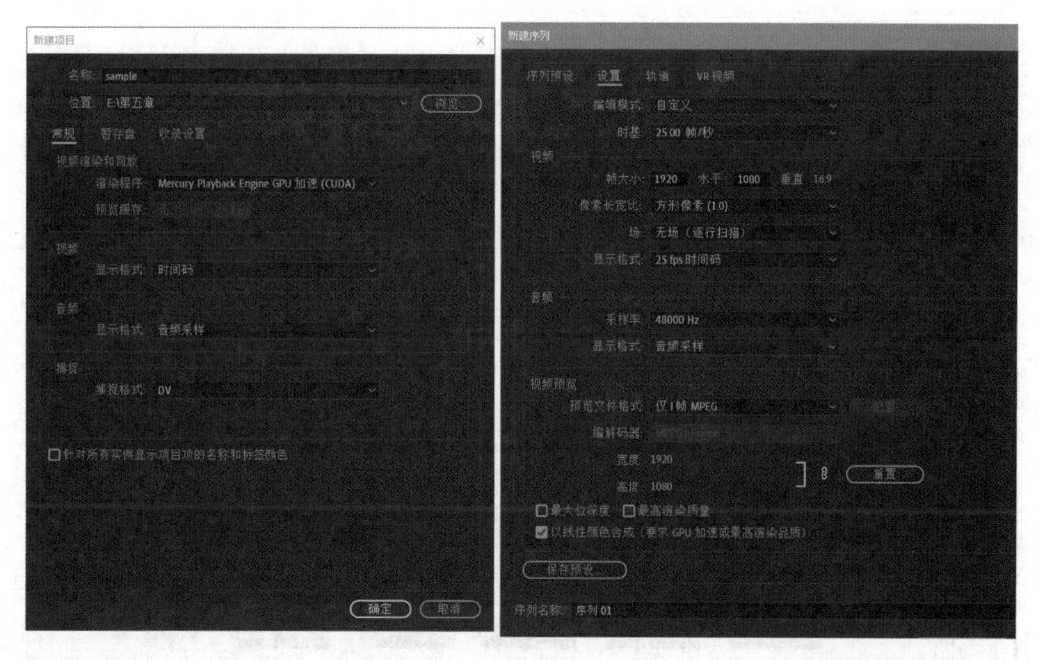

图 5-18
新建项目的相关参数设置

---

① 此时新建的项目画面大小为 1920×1080 像素，速率为 25 帧/秒，屏幕纵横比为 16∶9。之所以采用这样的大小和比例，是因为从 TVPaint Animation 中输出的便是这样的格式。也就是说，TVPaint Animation 的输出项目和 Premiere 的新建项目需保持一致。

Premiere 的工作界面主要有四个窗口：素材预览窗口（节目库）、素材库窗口、时间轴窗口、监视器窗口等，如图 5-19 所示。

图 5-19
基本工作界面

核心的工作流程是将剪辑素材（包括图片、视频、声音等文件）导入素材库窗口，然后将这些素材从素材库窗口按照剪辑要求摆放到时间轴上，并根据监视器窗口中的监测，使用工具对其进行裁剪、合成、添加特效等编辑工作，最终输出为成片。

此例的素材较为简单，包括序列帧和声音文件。将它们一一导入素材库窗口。这里需要注意导入序列帧的方法：选中序列图片的第一张，然后选中窗口下方的“图像序列”选项，如图 5-20 所示。如果不选择“图像序列”选项，那么导入素材窗口的将是一张图片，无帧速率等属性，如图 5-21 所示。

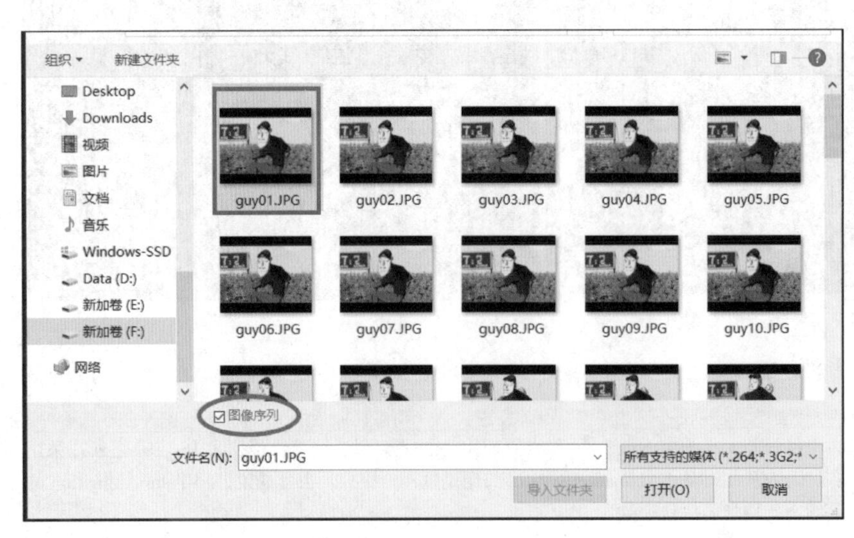

图 5-20
序列帧的导入方式

这样，导入素材库窗口的文件是一段视频，而不是一张图片。可以通过双击文件名在素材预览窗口（监视器左边的窗口）播放视频，如图 5-22 所示。

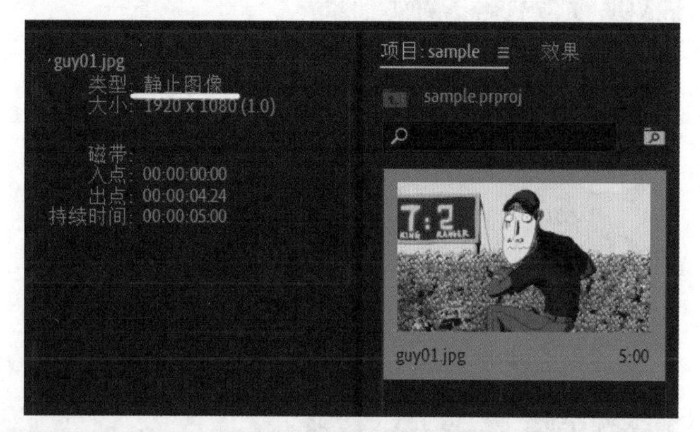

图 5-21（右）
未选中图像序列的导入类型

图 5-22（下）
视频导入素材库窗口

全部素材导入后的素材库窗口，如图 5-23[①] 所示。

将视频文件按顺序拖到时间轴的“视频 1”轨道上，保证每段视频头尾相接，并且不要产生覆盖，如图 5-24 所示。

前面说过，动画片的剪辑已经在分镜头阶段完成，后期的剪辑过程实为“物理剪辑”，只是将视频连接到一起，并稍作调整。在这里，通过播放反复观看，在节奏上认为第四段视频稍有些长，需要剪去少许（挥棒前的准备动作）。所以做如下操作。

选择“选择工具”（见图 5-25 中的红色区域），将鼠标放到第四段视频的左边开始位置，鼠标指针变为如图 5-25 所示的样式，代表可以通过拖曳来裁剪或者恢复视频的长度。

这里我们向右拖曳，裁剪少许视频，裁剪后的时间轴如图 5-26 所示。

① 为了界面的整洁和查找方便，新建一个文件夹，将声音文件放于其中。在素材库窗口中新建文件夹（此操作不会在 Windows 系统中产生新文件夹）的方法为：用鼠标右击素材库窗口中的空白处，在弹出窗口中选择“新建素材箱”。

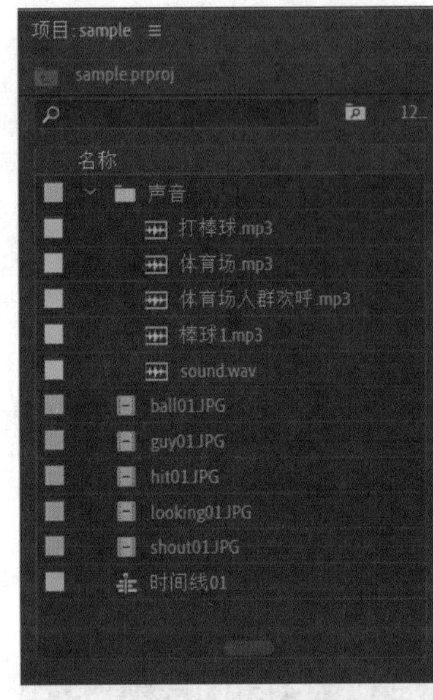

图 5-23
素材包括视频和音频

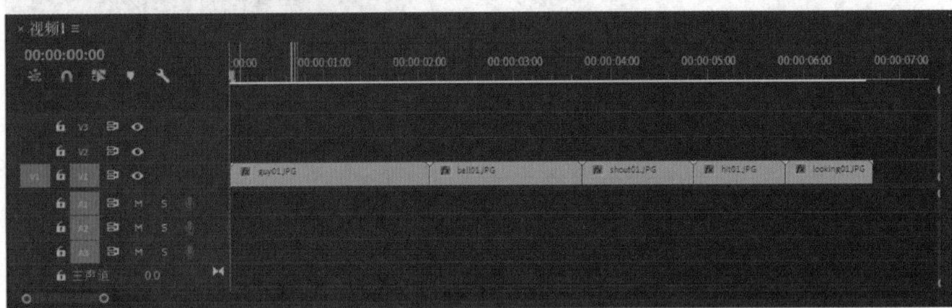

图 5-24
视频头尾相接

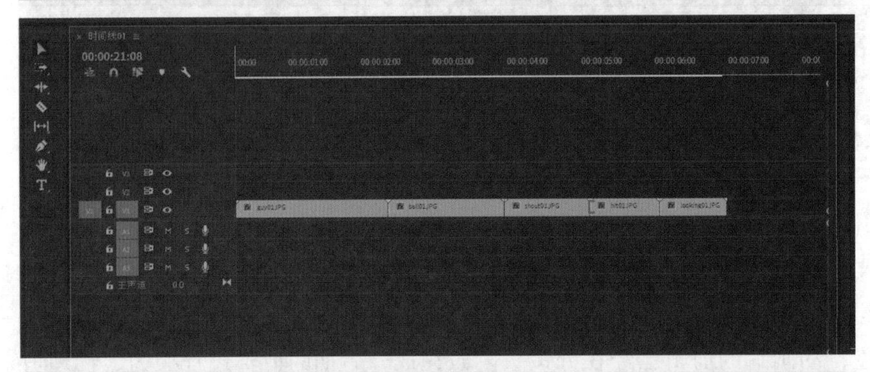

图 5-25
剪辑此段视频的长度

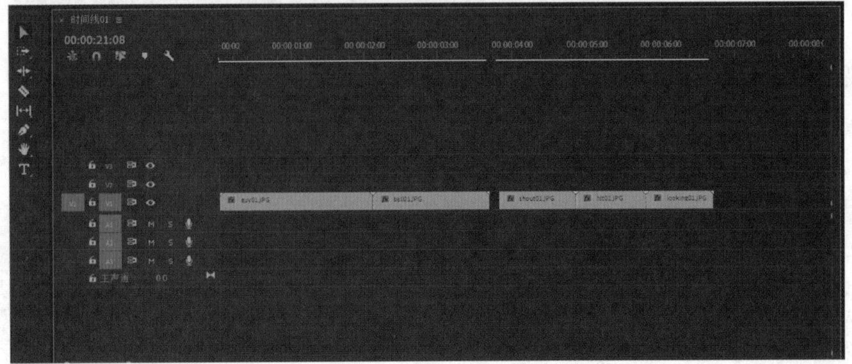

图 5-26
裁剪后时间轴产生空隙

这里产生的空隙必须通过将后面的视频与前面的视频头尾相接而消除。通过“选择工具”，框选第四段和第五段视频，并拖动到第三段视频结尾处，使其连接，如图 5-27 所示。

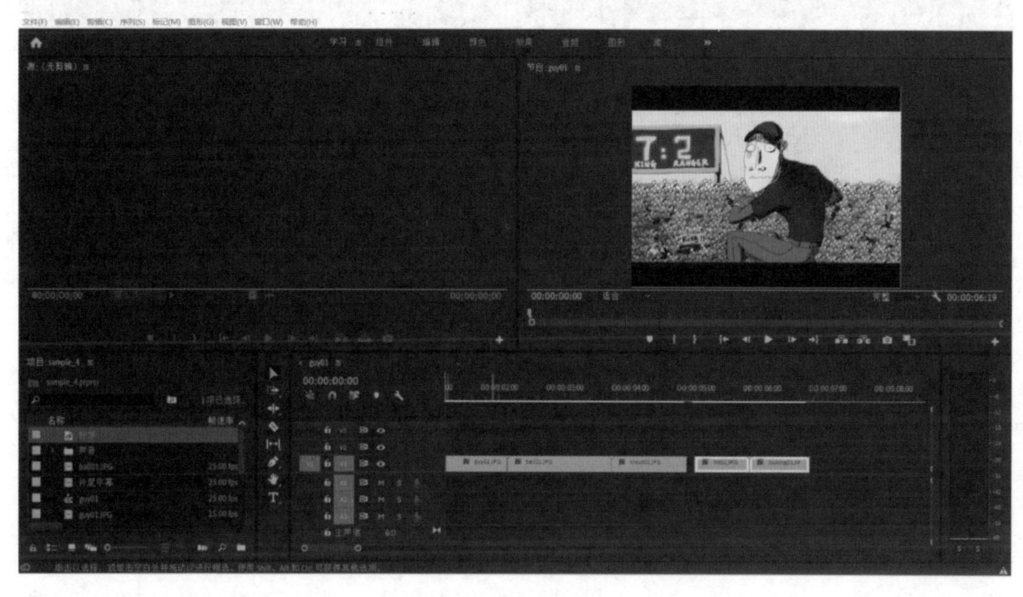

图 5-27
消除因裁剪产生的空隙

此项操作也可以使用工具中的“轨道选择工具”（见图 5-28 中的蓝色区域）。此工具用来选择当前视频和其之后所有轨道上全部视频，选择后便可以进行相应的操作和编辑。如果只想选择本视频和其以后本轨道上的所有视频，则可选择“轨道选择工具”，按下 Shift 键不放，选择该视频，那么选中的是该视频及之后的本轨道上的所有视频。

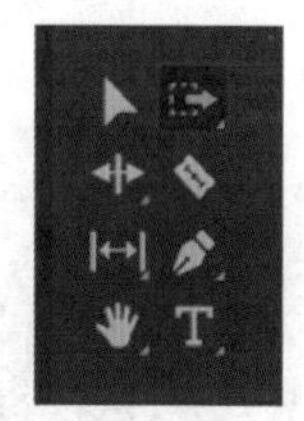

图 5-28
轨道选择工具

5.3　添加字幕

5.3.1　对白字幕

在第三段镜头中，角色大喊一声“好球!”我们将为这个镜头添加字幕。通过拖动进度条找到要添加字幕的镜头，单击工具栏中的文字工具（见图 5-29 中的红色区域），在画面上确定放置字幕的位置，即可在文本框中输入字幕内容。同时在时间轴上会出现字幕的视频，可以通过拖曳，改变字幕视频长度（即在视频中出现字幕的时间长短），如图 5-29 所示。

打开效果控件，选择基本图形窗口，即可调整字幕的字体、格式、位置等属性，在窗口下面的“主样式”中选择合适的字体[①]；单击文本框并输入文字；选择基本图

① 对于影片中的对白字幕我们一般选择黑边白字。这是因为无论是白色背景或黑色背景，观众都可以看清字幕。

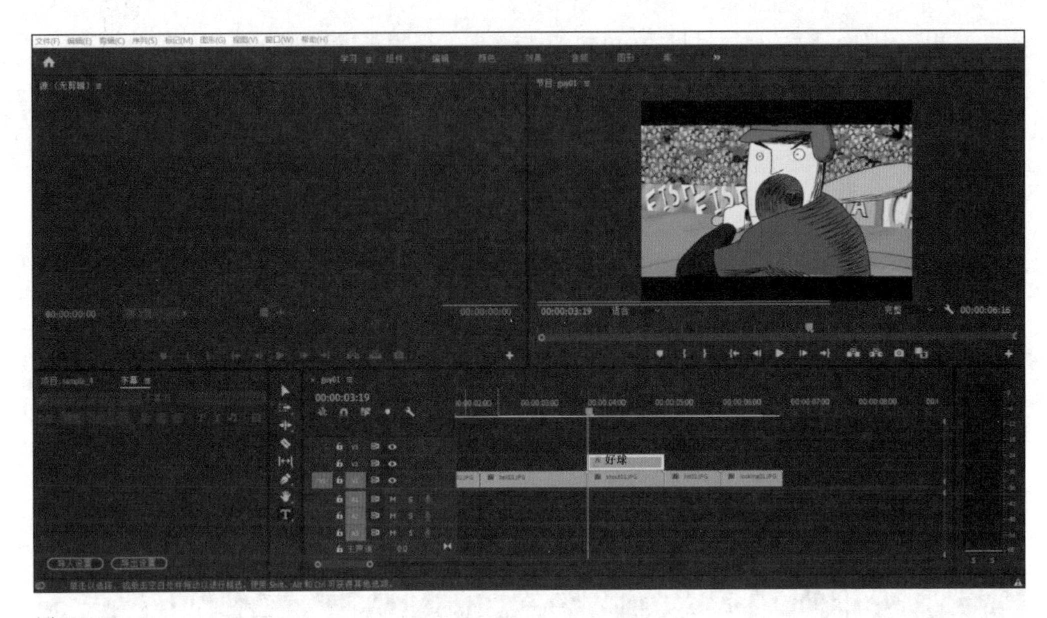

图 5-29
字幕窗口

形，对齐并变换窗口中的“水平居中”按钮，使得字幕在画面下方居中，如图 5-30 所示。通过基本图形窗口调整字幕属性，对字幕的大小及位置①进行调整。还可以通过工具栏中的“选择工具”对字幕的位置进行大体摆放，如图 5-31 所示。

图 5-30
制作中文字幕时一定要选择中文字体，不然可能出现乱码

① 选中对白字幕按 Alt 键并水平拖动，即可复制字幕至其他镜头，再编辑相应文本框中内容即可保证各字幕之间位置的统一性。

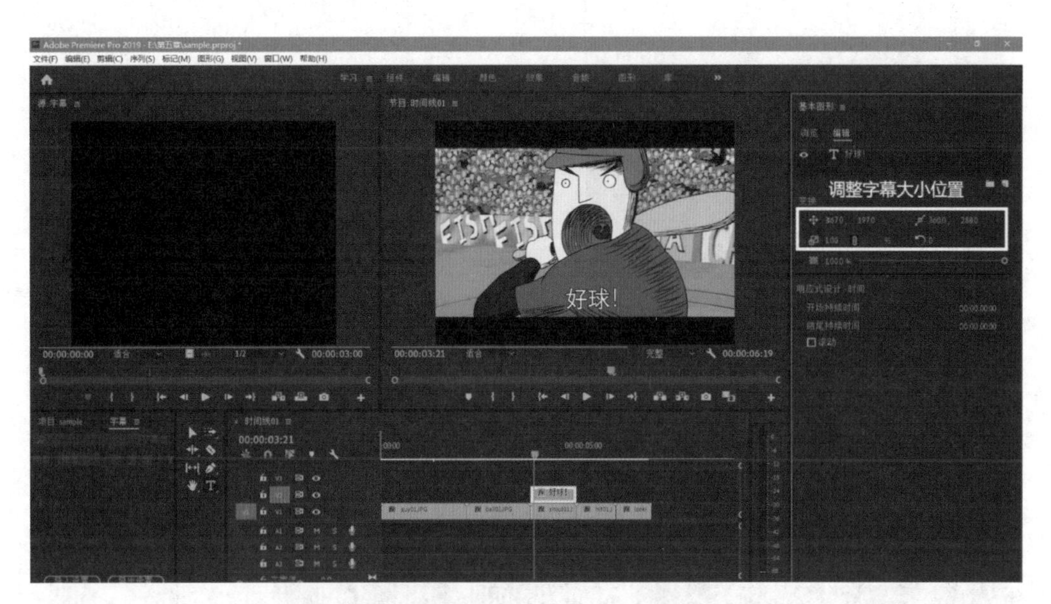

图 5-31
调整字幕大小位置

5.3.2 片尾上升字幕

新建“旧版标题”文件，取名“片尾字幕”，在字幕工具窗口中单击滚动设置按钮，如图 5-32 中的红色区域所示。

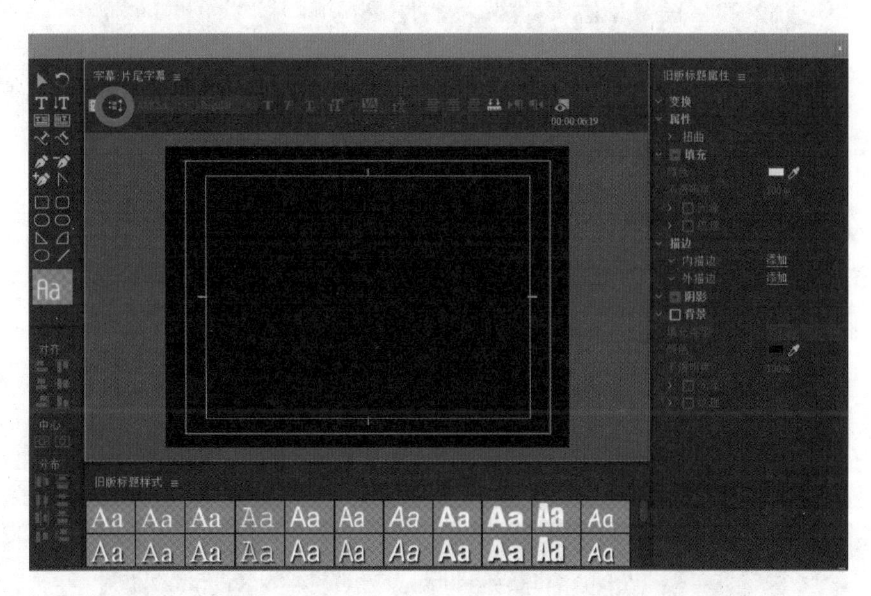

图 5-32
滚动设置

在弹出的滚动设置窗口中，选择“滚动”选项。如果想让字幕像绝大多数电影片尾字幕一样，从黑屏画外底端上升入画，可选择“开始于屏幕外”选项；而如想让字幕结尾时最后的定版持续一段时间，可选择“结束于屏幕外”选项，并在“缓出”文本框中输入想要定版的时间长度，如 30 帧，设置完成后单击“确定”按钮，如图 5-33 所示。

图 5-33
相关参数设置

在字幕窗口中输入文字[①]（设定字号和行间距），如图 5-34 所示。

只要字幕在纵向上足够长，则会实现自动上滚的动画，非常方便。需要注意的是最后定版的位置，比如最后定版的内容是公司或者工作室的名称，则一般情况下名称位于屏幕正中央，而前面的字幕已经升到了上方的画外。那么在制作字幕的时候，需要在这个公司或工作室名称的上方和下方空足够的行数，使之位于画面中央，如图 5-35 所示。

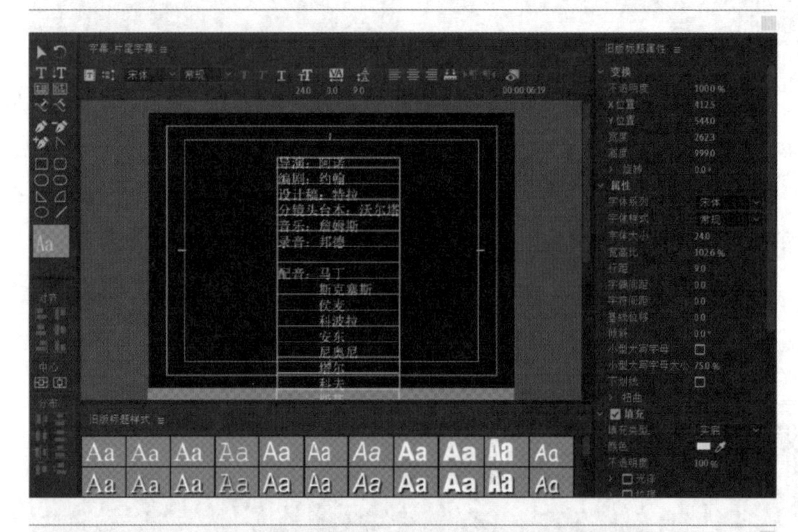

图 5-34
输入多行文字

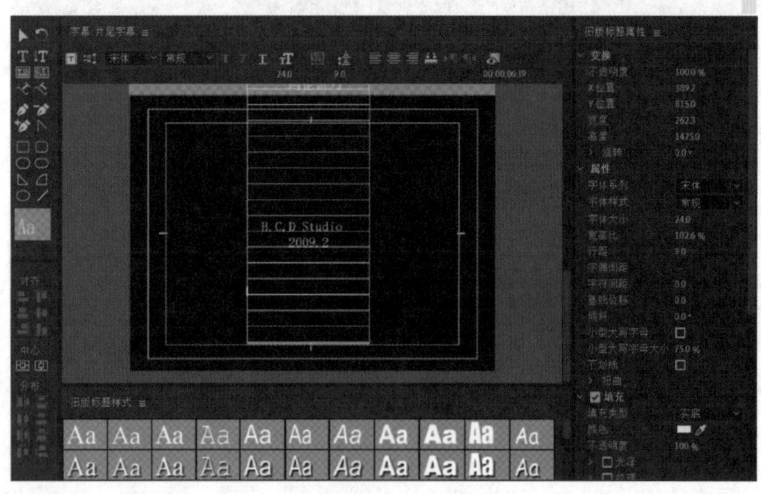

图 5-35
通过回车键空出若干空行，使定版字幕位于镜头中间

① 如果出现输入中文有乱码的情况，则是没有设定中文字体的原因。在右侧的字幕属性中的字体下拉菜单中选择中文字体即可。

其定版的时间长度便是前面“结束帧”中设定的 30 帧。

关闭字幕窗口，可以看到在节目库窗口中出现片尾字幕的文件，将其拖到时间线上的影片结束位置，如图 5-36 所示。

播放，检验字幕的上升速度，如果过快，则将字幕文件在时间线上的长度用选择工具拉长；如果过慢，则缩短字幕的长度。

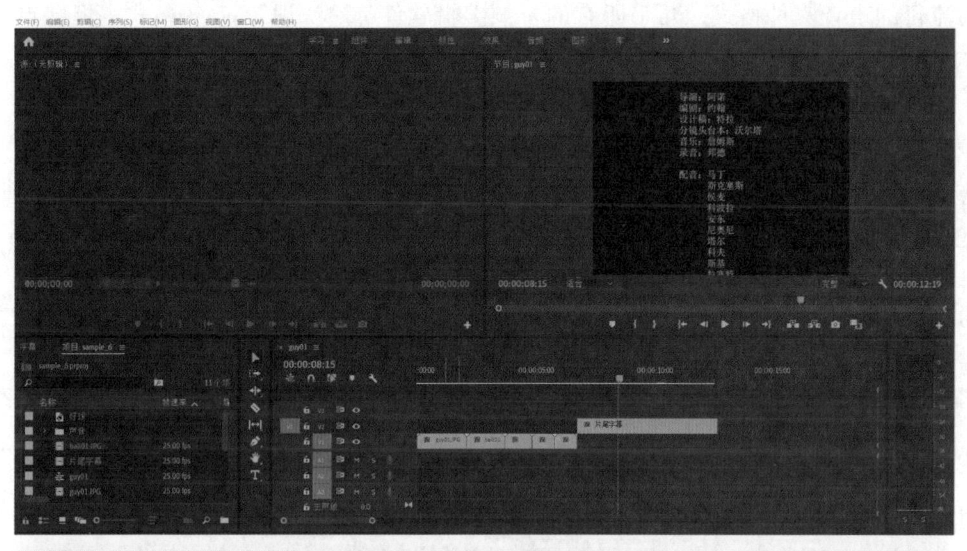

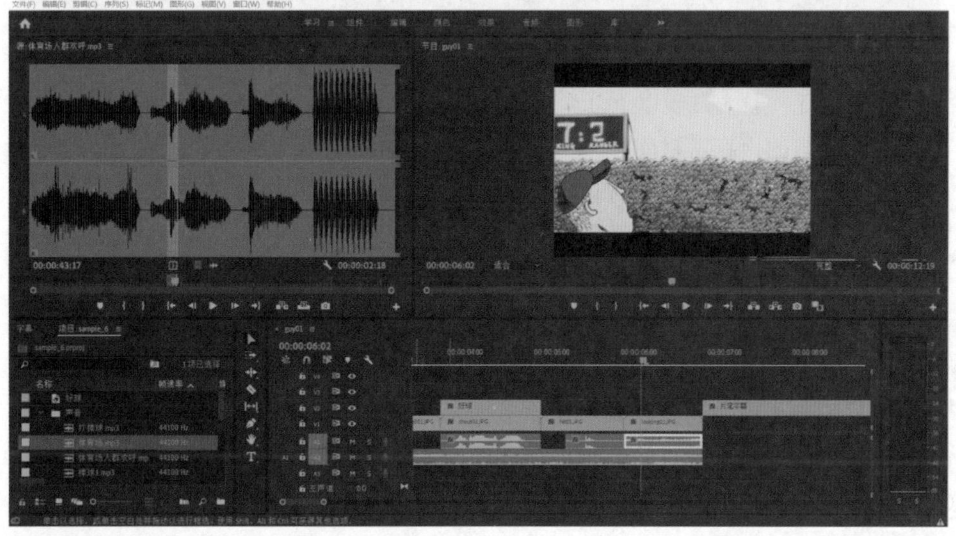

图 5-36
片尾字幕接在最后一个镜头后面

5.4　声音制作

进入素材库窗口的声音文件夹，可以看到 5 个声音文件。其中，sound 文件的后缀为 .wav，其他的文件为 .mp3。WAV 和 MP3 是动画片声音素材里最为常见的音频格式。

WAV 是微软公司开发的一种声音文件格式，它符合 RIFF（resource interchange file format）文件规范，用于保存 Windows 平台的音频信息资源，被 Windows 平台及其应用程序所支持。WAV 格式支持 MSADPCM、CCITT A LAW 等多种压缩算法，支持多种音频位数、采样频率和声道，标准格式的 WAV 文件和 CD 格式一样，是 44.1kHz 的采样频率，WAV 格式的声音文件质量和 CD 相差无几，也是目前 PC 机上广为流行的声音文件格式，几乎所有的音频编辑软件都“认识”WAV 格式。但缺点是体型过于“巨大”。

MP3 格式诞生于 20 世纪 80 年代的德国，所谓的 MP3 指的是 MPEG 标准中的音频部分，也就是 MPEG 音频层。根据压缩质量和编码处理的不同分为 3 层，分别对应 MP1、MP2、MP3 这 3 种声音文件。MPEG 音频文件的压缩是一种有损压缩，MPEG-3 音频编码具有 1：10~1：12 的高压缩率，基本保证低音频部分不失真，但是牺牲了声音文件中 12kHz 到 16kHz 高音频这部分的质量，相同长度的音乐文件，用 MP3 格式来储存，一般只有 WAV 文件的 1/10，而音质要次于 CD 格式或 WAV 格式的声音文件。

简而言之，二者相比较，WAV 格式因为采用无损压缩算法，音质优秀，但缺点是体积较大；MP3 采用的压缩算法有损音质，但是文件体积较小。它们都可以运用到影视后期编辑的声音制作中。

5.4.1 声音素材的来源

动画片的声音一般来自于以下几个方面。

- 市面上销售的声音素材库。
- 网络上下载的免费音频素材。质量良莠不齐，需要精心选择。
- 自行录制。采用声音录制设备进行声音的采集。

动画片中的声音可以分为音效、人声、音乐三个类别。

一般来说，各种音效（如动作音效、自然音效、机械音效等）在素材库中基本上都可以找到，如脚步声、风雨声、汽车发动机声、火车鸣笛声等。如果声音稍有出入，比如素材的脚步声与动画的脚步动作节奏不一致，可以通过音频的编辑软件进行修改（Premiere 也可对声音进行简单的编辑）。如果音效声音要求特殊，无法在素材库中找到合适对象，那么就需要采用拟音的方法获得，例如，用大张三合板晃动的声音来模仿雷声；用揉纸的声音来模仿火焰的声音，用大块布料的抖动所产生的声音模仿风声等。

人声的来源主要有两个方面。一般情况下，采用自行录制的方式，如对白、旁白、独白等。而一些较为通用的人声，如婴儿的啼哭声、叹息声、打鼾声等，可以在素材库中找到。

音乐的来源可以是授权的音乐或者原创音乐。如果使用没有授权的音乐须谨慎，尤其不要用到商业发行的动画片中去。

5.4.2 声音的采集

现代电影的制作为了强调现场感和真实感，一般都采用同期录音。动画片因为是用绘画和电脑技术等技巧创造出来的，所以，所有的对话和音效是无法进行同步录制的。动画片中的声音的采集可分为先期录音和后期录音。先期录音是指先录制音乐和对白，然后根据录音来绘制动作画面；后期录音是指先绘制动画，然后进行音乐和对白的录制。

大部分商业动画电影都采用先期录音的方式。这样做的好处是动画和声音结合得很好，达到高度的“声画统一”，动画片的对白一般采用先期录音方式。后期录音则常见于效果音和环境音等音效的录制。

最佳的声音采集应该在专业录音棚内进行。但是这对于大多数独立的艺术动画创作者来说显得有些奢侈。对于要求不高的个人创作或者课堂作业来说，也可找一些较为经济的方法，比如价格比较低的数字录音机，甚至手机来录制。这种方法所采集的声音虽然无法与录音棚相比，但是要比利用普通计算机声卡录制的声音好许多。录制的时候，一定要创造一个非常安静的环境（除非你想录制嘈杂的声音），慎选空旷的空间（避免回音），最好选在夜深人静的时候进行。

在比较写实的动画片中，我们常常需要静场声（空气声），这一点恰恰是许多动画创作者所忽略的。我们周围不存在绝对寂静的地方，即使是夜深人静的时候，也存在着独特的声音，我们可能对这种微妙的声音没有感觉，但是如果没有这个声音的存在，我们立刻就会有所觉察。同样，在动画短片的声音配制过程中，对白或者音效之间的空白处应该有一定的环境声，否则观众的感觉将是扩音器时开时关，在听觉上非常难受。所以，一般在声音的空白处应有静场声。在静场声的录制过程中一定要求现场安静，以录制适当长度的空气声。

5.4.3 Premiere 中声音的配制

在 Premiere 中声音的编辑和视频的编辑方法很类似。只不过声音要放到时间轴上的音频轨上面去。

接着上面的例子。首先，我们听取第一段声音 sound.wav，在素材库窗口中双击该文件，声音文件便可在素材预览窗口（监视器窗口左边）中预览了，如图 5-37 所示。

播放听取声音。这段声音是配音演员为画面中角色大叫“好球”这个场景配制的。共表演三遍（从素材预览窗口中的波形图便可看出）。反复听取、比较，认为第二段较为合适。可从素材预览窗口中粗剪出这段音频。方法是：拖动预览窗口中的播放指针到第二段配音的开始位置，在该窗口下方按下“设置入点”按钮；拖动播放指针到第二段配音的结束位置，在该窗口下方按下“设置出点”按钮，于是，预览窗口中第二段配音被高亮显示，如图 5-38 所示。

这时将此素材拖动到时间轴的音频 1 轨道上面并对位到镜头三下面，被拖放到音轨上的声音正是我们刚刚粗剪得到的第二段配音，而不是整段的素材，如图 5-39 所示。

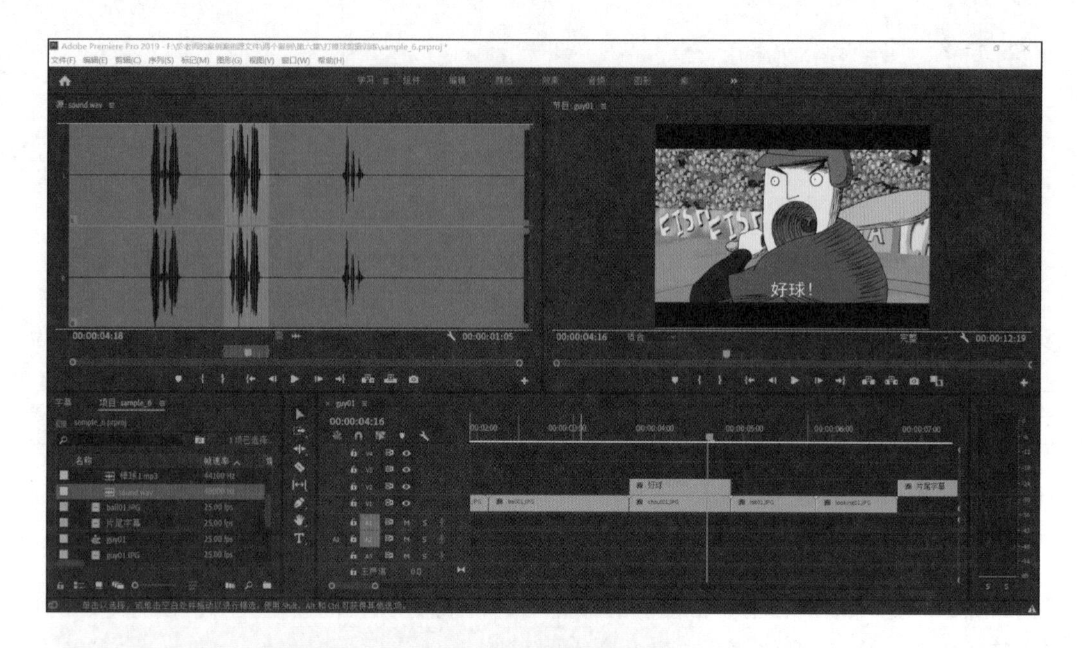

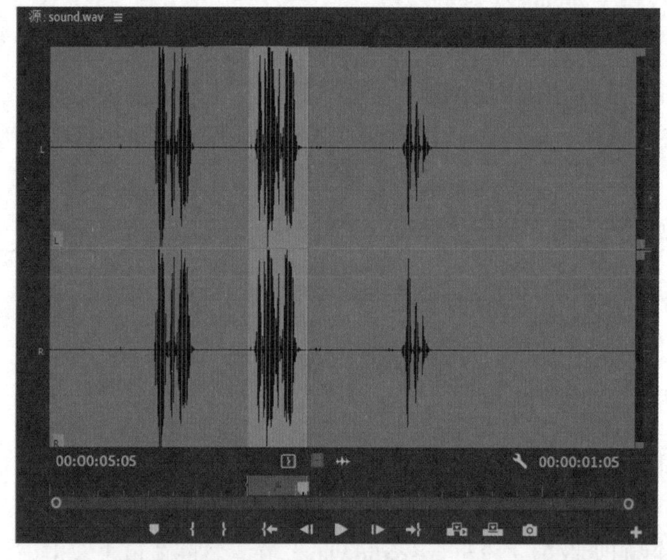

图 5-37（上）
预览声音文件

图 5-38（左）
经过粗剪选择第二段音频

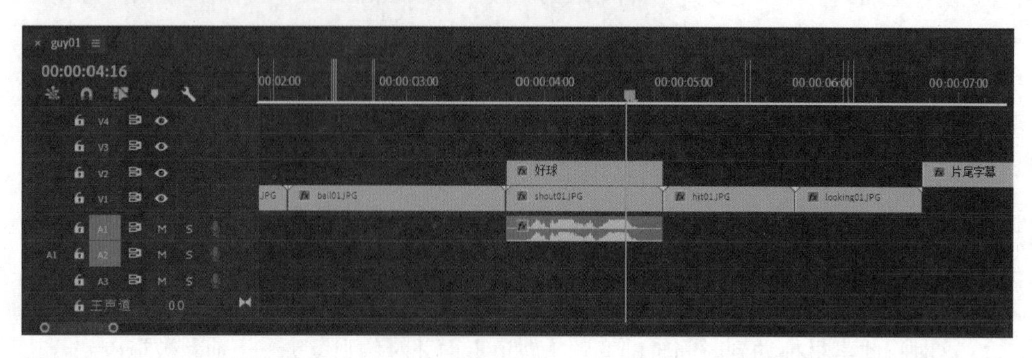

图 5-39
将粗剪音频文件拖到音频轨道上的相应位置

双击“打棒球 .mp3”试听，这是球棒击打棒球时发出的声音，共有四段，经过比较，认为第二个声音较好，使用粗剪将其高亮显示，并拖到音频 1 轨道上面的与镜头四挥棒动作匹配的位置上[①]，图 5-40 所示为时间轴放大精确到帧的状态。

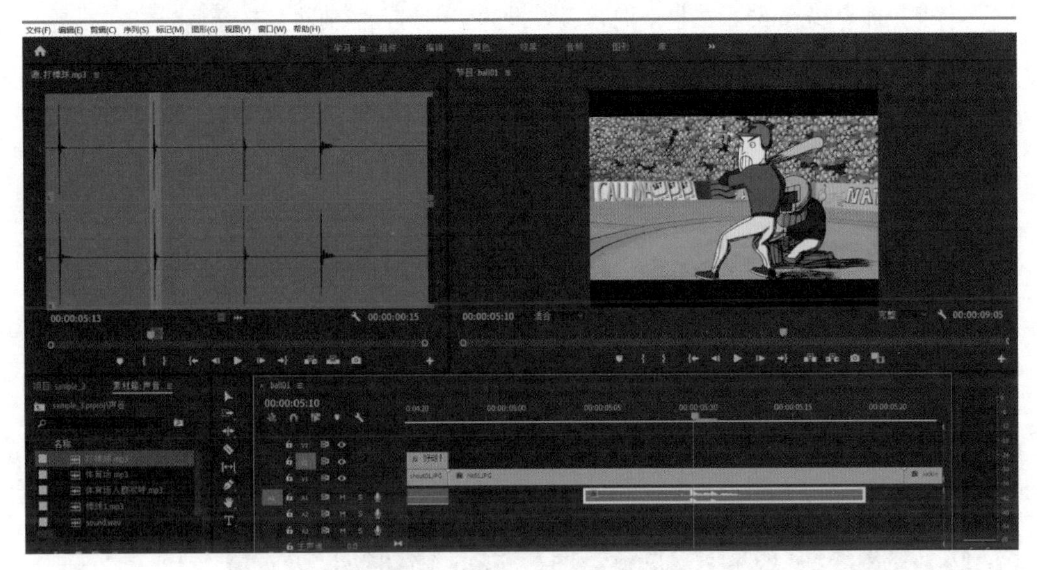

图 5-40
将打棒球的声音精确放至相应位置

双击“棒球 1.mp3”试听，这是球场内观众有节奏的欢呼声。计划作为背景声音持续整个项目长度。这段音频较长，我们截取前面一段并拖动到音频 2 轨道上（音频 1 轨道已经被占用）。因为粗剪的长度不是很精确，所以需要在时间轴上面再使用“选择工具”，像剪辑视频一样，将其长度剪到合适长度（覆盖整个项目长度）。此段音频与音频 1 在时间上有重合的地方，就像画面合成一样，这里称为“混音”，如图 5-41 所示。

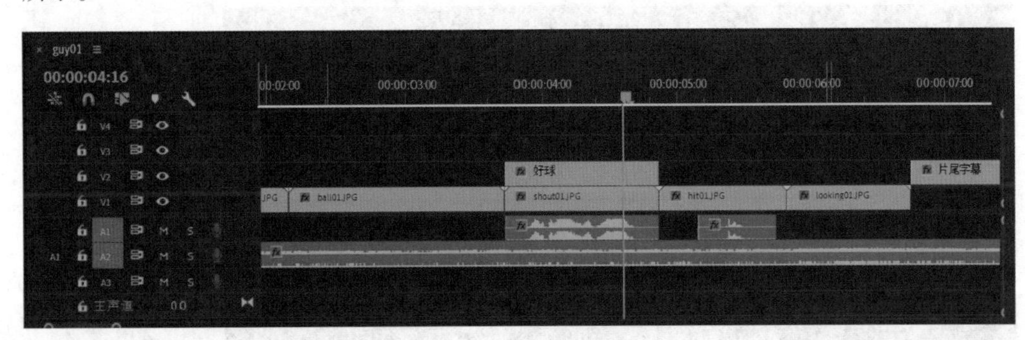

图 5-41
将此段音频放到音频 2 轨道上面

① 在 Premiere 中的时间轴上编辑时，经常需要放大缩小时间轴。如在本例中，需要精确对位声音和画面中的挥棒动作，则需要放大时间轴以精确到帧单位。可通过快捷键 +/– 实现时间轴的放缩，方便时间轴的宏观和微观操作。

播放时间轴听取音频效果，感觉背景声音稍显单薄。于是我们计划为其添加“体育场 .mp3”音频。“体育场 .mp3”是一段表现公共场合嘈杂的声音。同样采用先粗剪后精剪的方法截取一段放在音频 3 轨道上面并覆盖整个项目长度。播放时间轴听取效果，发现“体育场 .mp3”在整个混音后效果过于突出，需要将其音量调低。

选择菜单中的“效果”→“效果控件”选项，素材预览窗口变为特效控制板。选择音频 3 轨道上的“体育场 .mp3”，则此面板中将会显示“体育场 .mp3”的特效控制，如图 5-42 所示。

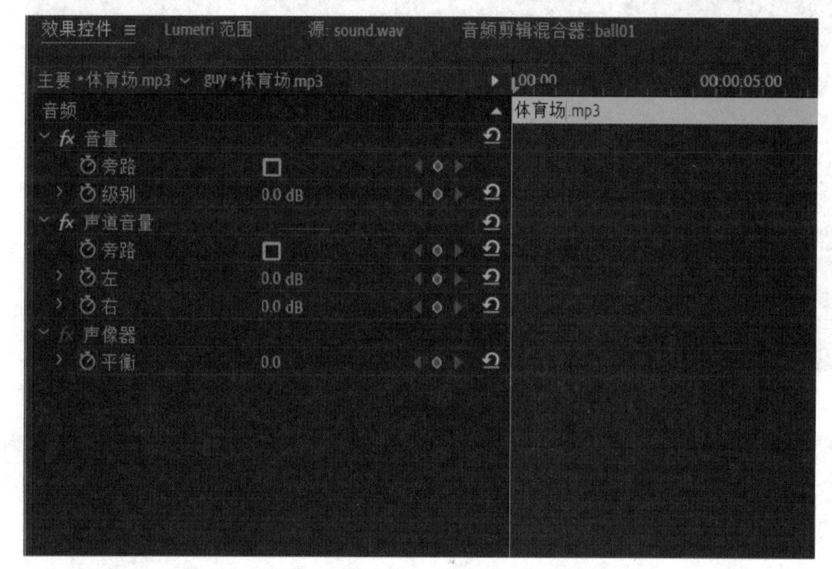

图 5-42
特效控制板窗口

可以看到，对于声音文件，默认的特效有三个：音量、声道音量、声像器。展开音量下面的参数属性，在关闭关键帧功能的情况下（秒表按钮），将电平数值适当调低，听取效果，如图 5-43 所示。

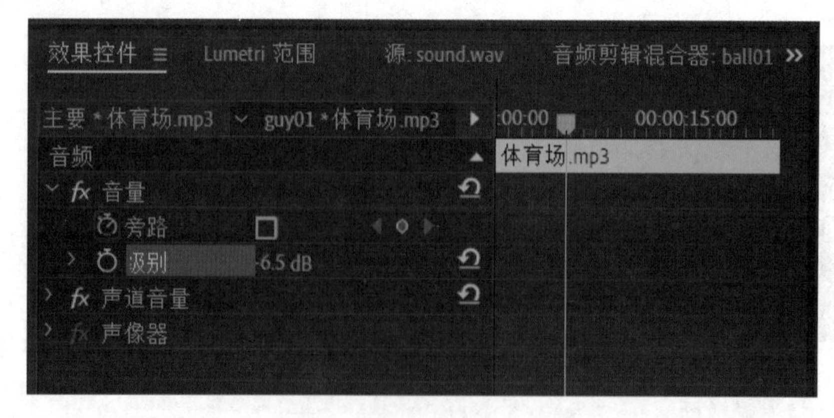

图 5-43
调整音量

对于“体育场 .mp3”的声音也可使用混音器来调整。选择菜单中的“窗口”→“混音器”选项，调出混音器面板，如图 5-44 所示。

可以看到，这里显示四个轨道：音频 1 、音频 2 、音频 3 、主声道。分别与时间轴中的音频轨道一一对应。在监视器窗口中循环播放项目文件，在此过程中，通过对音频 3 上方滑竿的上下推拉来实时监听“体育场 .mp3”的混音效果，最终找到合适的音量，同样可以达到上述结果。

双击“体育场人群欢呼 .mp3”试听，我们截取第二段开始的一小段音频，这段音频可以放在最后一个镜头棒球被打飞到场外时观众台上发出的惊呼。使用粗剪和精剪的方法将其放置到音频 1 轨道上面相应的位置，如图 5-45 所示。

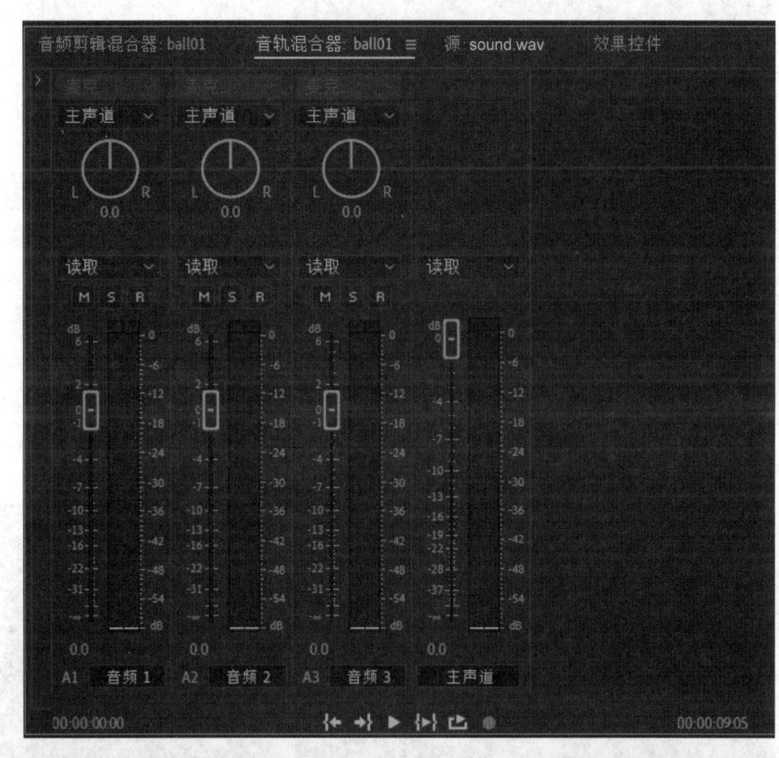

图 5-44（右）
混音器面板

图 5-45（下）
截取“体育场人群欢呼 .mp3”中的一小部分来展现观众的惊呼声

监听混音效果，发现此段声音开始过于突然，给人以不舒适之感。因此，我们要为其制作声音的淡入过程。

选择音频 1 轨道上面的“体育场人群欢呼 .mp3”，将特效控制板窗口中右边的时间线上的蓝色播放指针放置到最左端，并按下级别参数前的“增 / 删关键帧”（秒表按钮），开始进行关键帧设置，如图 5-46 所示。

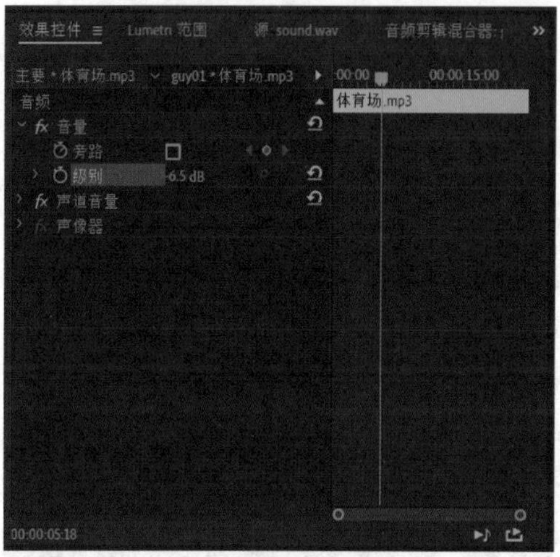

图 5-46
按下秒表按钮

目前本音频的第 1 帧处已经增加了关键帧。将播放指针向右移动少许，按下“添加 / 删除关键帧”按钮（见图 5-47 中的红色区域），便又在此处增加一个关键帧，如图 5-47 所示。

单击“添加 / 删除关键帧”按钮右边的“跳到上一关键帧”按钮，回到第一个关键帧，将电平数值调为最小。这样，计算机会自动生成关键帧之间的变化，形成渐变效果，如图 5-48 中曲线变化所示。此外，还可以通过拖动关键帧来改变其位置。

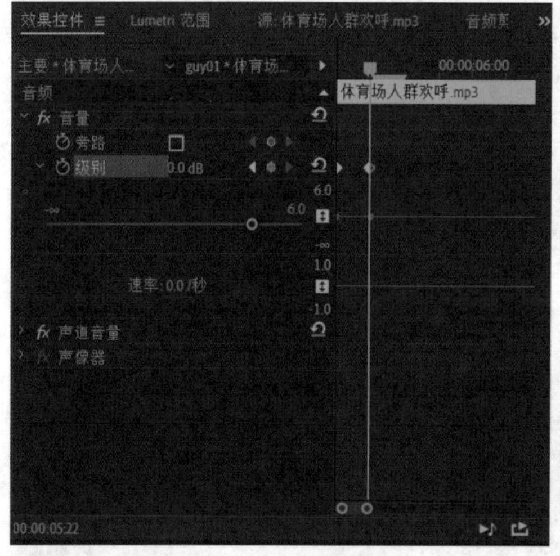

图 5-47
添加关键帧

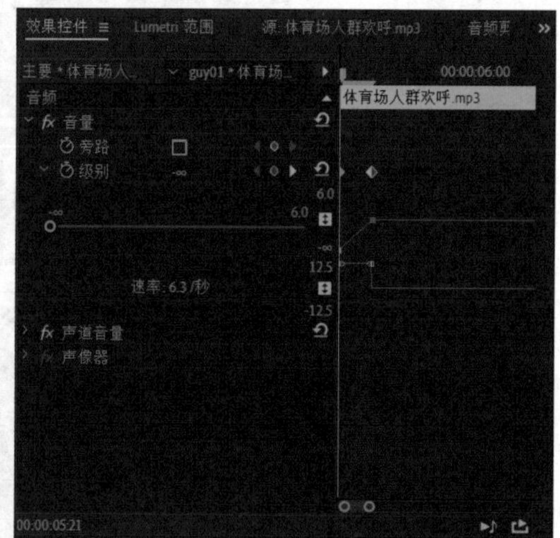

图 5-48
两个关键帧形成中间渐变动画

监听效果后发现，惊呼声开始不是那么突然了，现在有了一个渐进的过程。

整体的声音制作基本完成，循环播放，用混音器监看主轨道的音量变化。可以看到，主轨道显示音量的两个竖条顶端有两个小方块，如果在播放的过程中小方块变成红色，代表混音音量过大，会产生爆音。反复监听观察音量变化，发现在击球手喊出“好球”的同时音量过大，所以需要将音频 1 轨道上面的 sound.wav 音量调小。这里不宜用混音器直接调整音频 1 轨道（因为此轨道上面不但有 sound.wav，还有“打棒球 .mp3”和“体育场人群欢呼 .mp3”，调整整个轨道会影响这两个声音），所以还是在特效控制板中对其电平进行调整。

将 sound.wav 音量调小以保证主音频不会产生爆音，如图 5-49 所示。

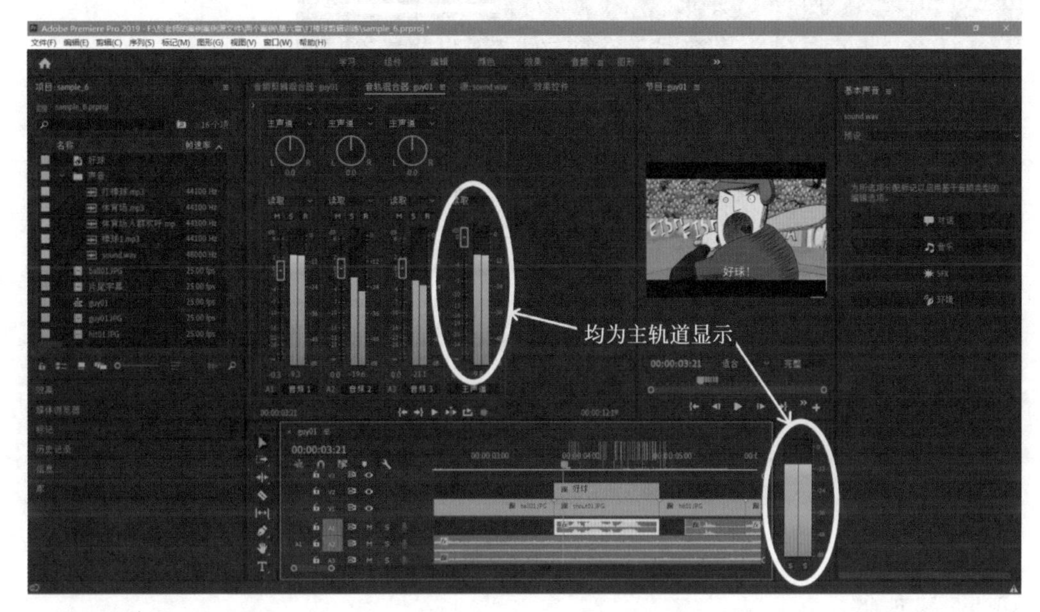

图 5-49
调整混音音量，确保不会产生“爆音”

5.5　整体调色

这节的重点是“整体”，而非“调色”。

举例说明，假如对上面的例子要做颜色上的整体调整，使画面看起来更加偏向黄色。单击项目窗口中的“新建项”（见图 5-50 中的蓝色区域），选择新建“调整图层”，如图 5-51 所示。

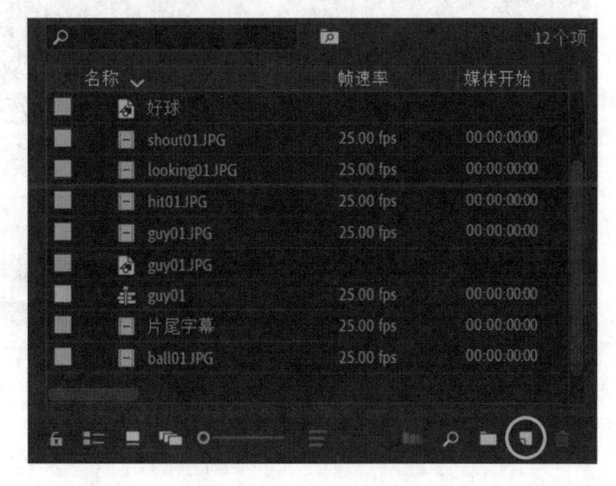

图 5-50
项目窗口

从素材库窗口中将调整图层拖入视频 4 轨道上，并将其长度拉至与视频总长一致，如图 5-52 所示。通过对于调整图层进行操作即可对视频整体调色。这里，以调色为例作介绍。

在效果窗口中的“视频效果”中找到“图像控制”下的“颜色平衡（RGB）”，并将之拖动到视频 4 轨道

图 5-51（左）
新建“调整图层”

图 5-52（下）
将调整图层拖至视频 4 轨道中

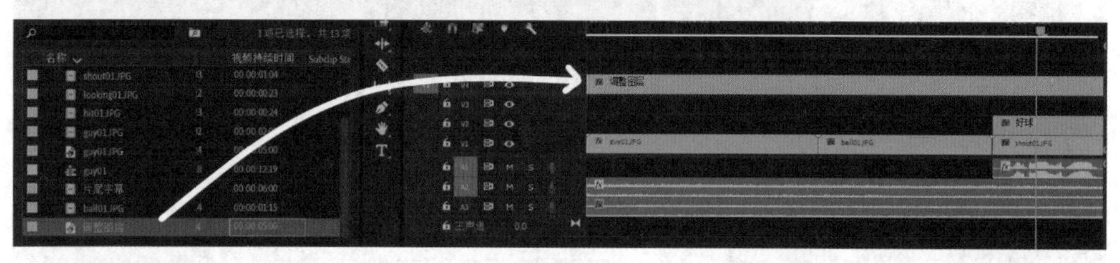

上面的调整图层，在效果控件窗口中，便可看到“颜色平衡（RGB）”特效的参数了，如图 5-53 所示。

图 5-53
颜色平衡的参数调整

为了更好地对比调色前和调色后的效果，可将视频 1 轨道拖入上方的“来源”窗口，以显示原素材，为调色提供参照，如图 5-54 所示。

图 5-54
色调编辑界面

颜色平衡的参数包括红色、绿色、蓝色（即 RGB 值），均可调整。为了将动画片的画面效果调向黄色调，分别将红色和绿色设置成大于 100 的数值，将蓝色设置成小于 100 的数值，如图 5-55 所示。

播放预览，发现整个视频的颜色全部被调整。

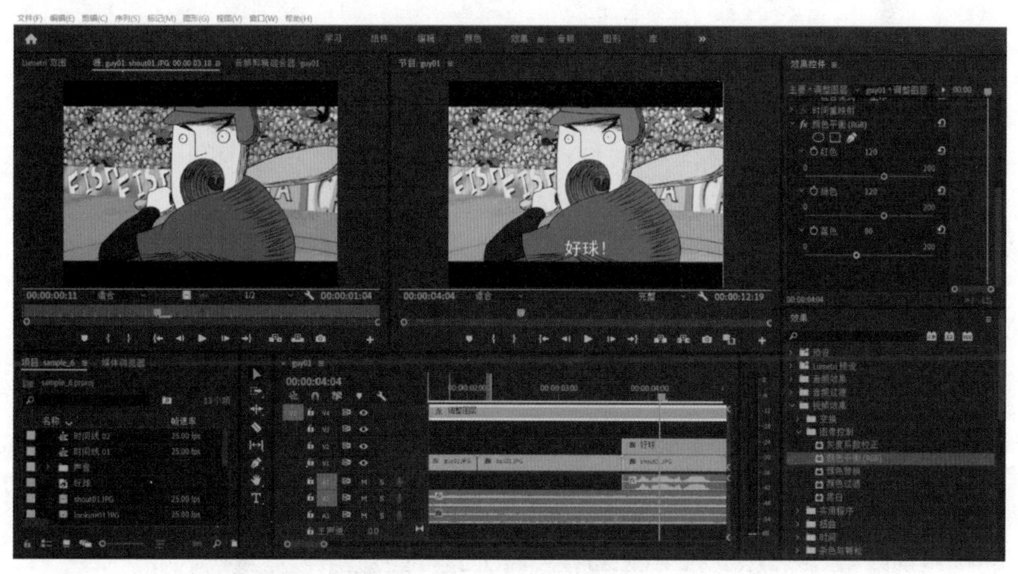

图 5-55
影调调整倾向于黄绿色

5.6　Premiere 的输出

5.6.1　影片的格式

成片的输出格式有很多种，依据不同的用途有不同的格式，这里列举几种常用的格式和它们的用途。

- AVI 和 MOV：这两种视频格式是常见的影片格式。一般情况下，如果在计算机上观看影片的话，可以生成这两种格式。这两种格式有很多的压缩编码可以选用，之后会详细介绍。
- MPEG 格式：目前 MPEG 格式有三个压缩标准，分别是 MPEG-1、MPEG-2、MPEG-4，其中 MPEG-4 在画面效果和文件大小上表现都比较优异，因此是当前比较常用的影片格式。
- 序列帧：以图片格式存储，所以没有声音。序列帧用来最大限度地保证影片画面质量，多在制作过程中使用。
- WMV 和 RM 等流媒体格式：文件体积较小，适合网络传播。一般来说，由于压缩较大，画面和声音质量不高。

5.6.2　生成方法

时间线确定的情况下，选择“文件”→“导出”→“媒体”命令，在弹出的窗口中设置视频质量、视频格式、视频名称及存储路径等属性，如图 5-56 所示。

图 5-56
导出设置窗口

在“格式”下拉菜单中可以看到，有诸多的类型可以选择。其中，H264 是 MPEG-4 中的一种高级视频编码，也是目前比较常用的类型，在此选择 H264，如图 5-57 所示。

在格式选中 H264 后，下面的预设菜单又有很多选择。这里可以根据需求选择具体的预设。常用的有“匹配源 - 高比特率”“High Quality 1080p HD”“Mobile Device 1080p HD”“YouTube 1080p 全高清”，如图 5-58 所示。它们分别对应的是与源文件相同的设置（匹配源 - 高比特率）、高清视频格式（High Quality 1080p HD）、面

图 5-57
导出格式
选择 H264

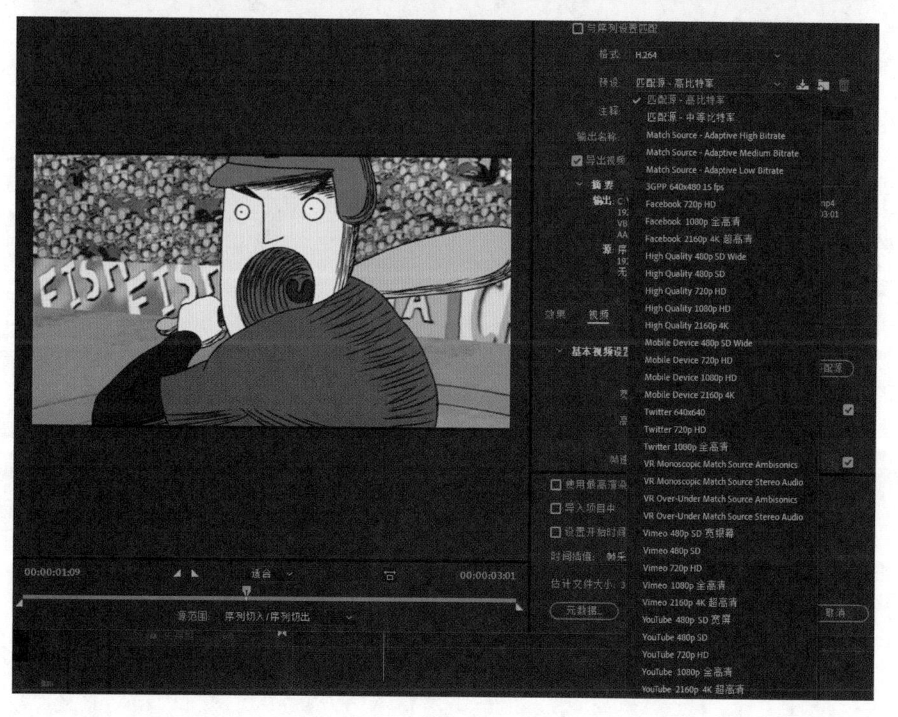

图 5-58
输出预设

向手机的高清视频格式（Mobile Device 1080p HD）、针对网络视频平台的高清格式（YouTube 1080p 全高清）。当然，具体输出成标准清晰度、高清晰度还是4K清晰度视频格式，要根据源文件和需求方的具体要求来确定，这里举出的常用的几个预设仅针对源文件为高清格式，并且需求方也需要高清格式的情况。

除了输出成视频格式，有时还需要生成 JPEG 等图片序列帧。序列帧可以输出到 Digibeta 和胶片这样的广播级和影院级的存储介质上[①]。

课后题

（1）请以“开门”为主题，绘制一组分镜头画面，并用 Premiere 按最后成片的节奏和时间将这些画面剪辑成视频小样。

（2）用素材和录音等方式为这段视频配音。

（3）将上面完成的剪辑输出成视频小样，用于计算机屏幕上观看。

① 序列帧只有画面没有声音，所以，如果在 Premiere 中制作完的声音需要输出成 WAV 格式的文件，需要和序列帧文件一并交给电视台剪辑机房或电影厂。

二维动画进阶制作

这一章讲授的主要内容是一些能使二维动画制作效率更高、画面效果更出色的技法。它们不是二维动画制作流程中必需的步骤，但却可以“锦上添花”，所以，本章可满足读者进阶阶段阅读学习的需要。

6.1 口型动画

在很多情况下，动画短片中的角色并不一定需要口型动画。因为相当多的艺术短片中很少有台词，另外，即使有个别台词，在要求不高的情况下，并不一定需要严丝合缝地去将口型和对白一一匹配。但如果动画短片对白较多，并且对口型动画有比较高的要求的话，口型的设计与制作就显得十分重要。

通常在制作口型动画时需要先完成对白的录制。之后需要将每个字词的发音，分解成不同的音节。在中文对白中，可以将汉语拼音作为标注。绘制口型原画时，作者依据关键的拼音字母去设计相对应的口型，并且需要反复播放对白配音，模拟角色的表情、神态及语气，以符合动画整体表演的方式将口型原画绘制出来。

在制作口型动画时，需要确保口型动作的变化，符合角色嘴巴的造型特征。同时需要注意，夸张的口型动作往往会产生角色下颚的活动，但基本不会影响到角色的上颚。此外，也不能机械地认为，每个音节都需要有与之相对应的口型。事实上，许多音节的发音在口型动画中都被省略，这反而有助于动画角色演绎整体对白。关于口型动画的相关教程较多，本书中不进行过多讲解，仅介绍一些口型动画的基本规律。

6.1.1 口型设计

以配音“我爱你”为例，首先根据汉语拼音的基本分解方法，将其分为三组音节：Wo、Ai、Ni。可以根据三组音节，反复播放音频并默念，对照镜子观察自己的口型。在这一过程中，绘制出与音节对应的基本口型，如图 6-1 所示。

由于配音具有强烈的感情，而所绘制的基本口型在节奏上过于平庸，因此需要反复收听音频，找到其中的重音，如本例中，“爱”字发音比较用力，且音长较其他音节更长，因此，“爱”是需要被强调的音节。在绘制过程中，便可以在符合配音整体节奏的基础上，适度增加音节 A 与音节 i 之间的动画张数，如图 6-2 所示。

此外，此段音频中“我”字较为急促与短暂，因此在进行口型设计时，可以考虑去掉轻音节 o，直接呈现重音节 A 所对应的画面。同时，也可以增强音节 A 画面的强度，使其适度夸张。这样做的好处是节奏分明、主次突出，如图 6-3 所示。

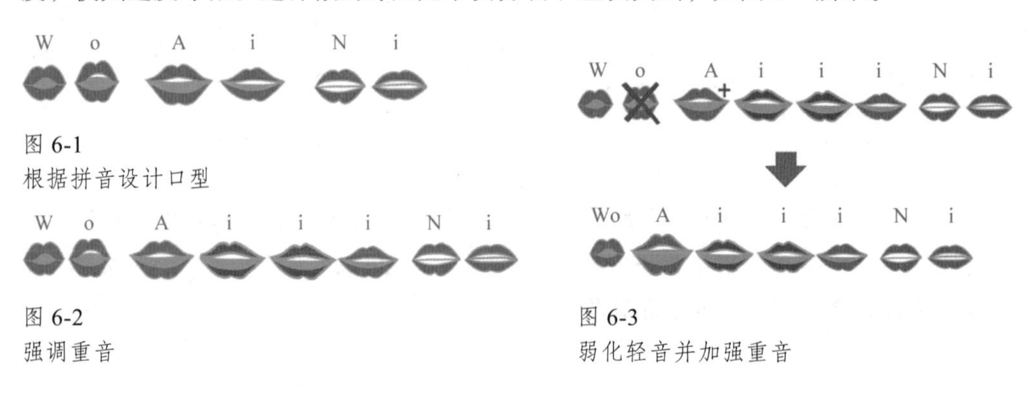

图 6-1
根据拼音设计口型

图 6-2
强调重音

图 6-3
弱化轻音并加强重音

6.1.2 口型制作

下面用 TVPaint Animation 制作一组与配音对位的口型动画镜头。导入配音文件；以配音文件为基础，绘制口型草稿；依据口型草稿，将动画角色口型绘制完成。

以图 6-4 为例，镜头为近景镜头，角色面向镜头呼唤另一位角色的名字（另一位角色的名字叫“遥遥”）。该组镜头图层关系如图 6-5 所示。

第一步：需要打开“原始音频”面板和备注面板。在图层窗口下方找到“注释”和“声音”面板开关，如图 6-6 所示。单击这两个开关，即在图层窗口展开上下两层面板，分别是备注面板和“原始音频”面板，如图 6-7 所示。

单击“原始音频”面板中的音符图标，选择子选项“加载声轨 ...”，如图 6-8 所示在文件夹中选择需要加载的音频文件，如图 6-9 所示。该文件是 MP4 格式，音频内容为主角呼唤另一角色的名字“遥遥”。确认导入音频文件后，“原始音频”面板中即呈现该文件的音轨信息，如图 6-10 所示。可以调整音轨文件的前后位置，以控制声

图 6-4
角色的口型位置

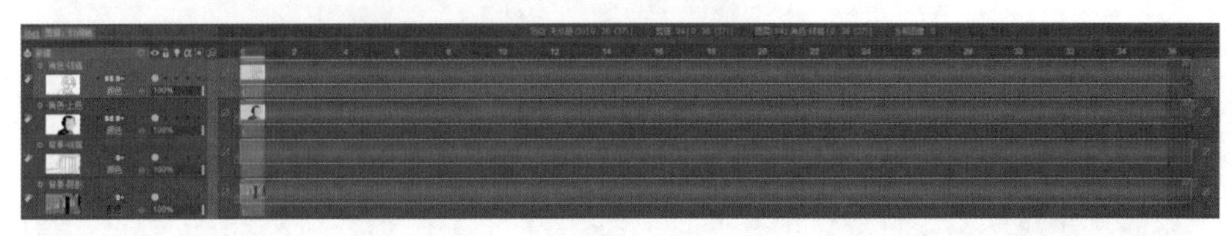

图 6-5
项目的图层关系

图 6-6
“剪辑：时间轴”中的“注释”与“声音”

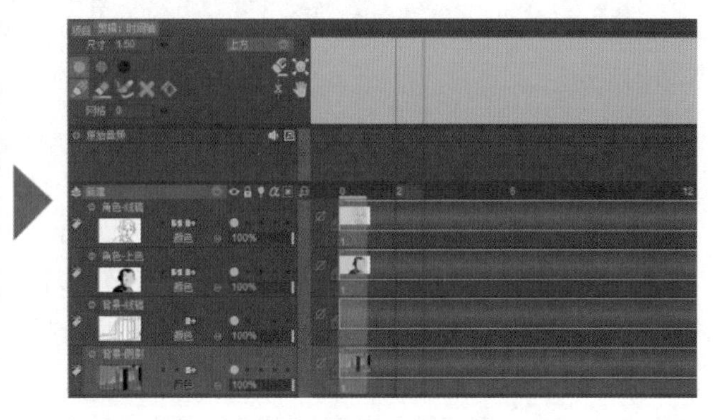

图 6-7
展开备注面板和“原始音频”面板

图 6-8
加载声轨

图 6-9（右）
选择音频文件

音切入的时间。也可以继续增加新的音频文件以达混音目的，在“原始音频”面板中会以新的音轨图层的形式呈现。

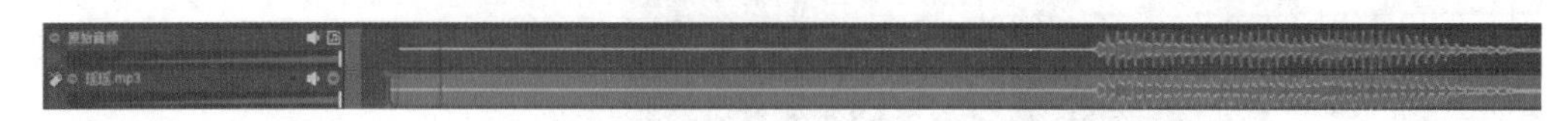

图 6-10
导入音频文件

在加载音轨并调整声音切入时间后，“剪辑：时间轴”面板被自上而下地划分为三个部分：备注面板、包含音轨的“原始音频”面板、图层面板，如图 6-11 所示。在此，可以直观且整体地把握备注、音轨与时间轴的关系，并且可以通过音波图像明显地观察到，声音于时间轴第 16 帧切入。由于声音切入的时间节点被视图化，便可更加高效地展开配音与角色口型的对位工作。

图 6-11
备注面板、“原始音频”面板和图层面板的关系

第二步：以配音文件为基础，绘制口型草稿。这一部分的工作主要集中于备注面板中，在备注面板中选择蓝色笔刷，如图 6-12 所示，在“原始音频”面板上的备注区域，以声波图像起始的位置为起点，书写音节字母，如图 6-13 所示，并反复播放试听，确定节奏与音节的准确性。然后在备注面板选择红色笔刷，如图 6-14 所示，依据音节字母绘制口型草稿。如没有口型制作的经验，建议对照镜子观察自己读音节时的口型变化。当口型草稿绘制完毕后，便可直接观察到音节字母、口型草稿和时间轴的对位关系，如图 6-15 所示。

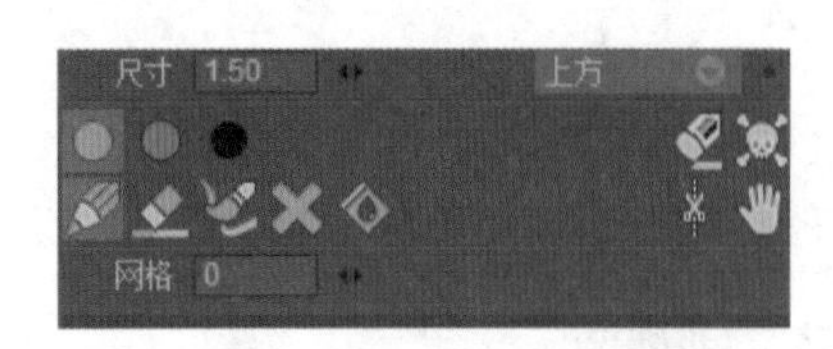

图 6-12（左）
备注面板中选择蓝色笔刷

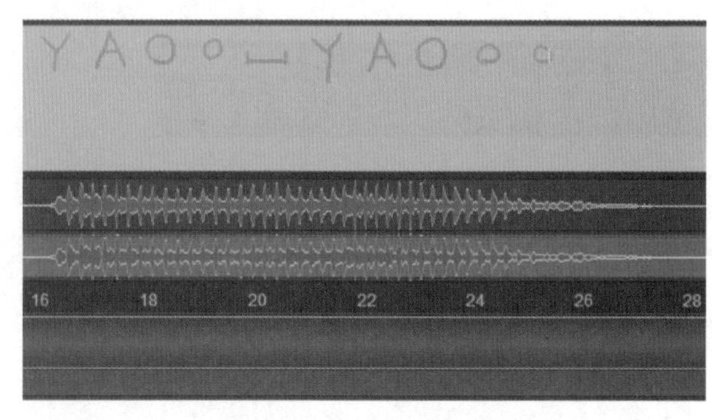

图 6-13（右）
在备注区域绘制音节

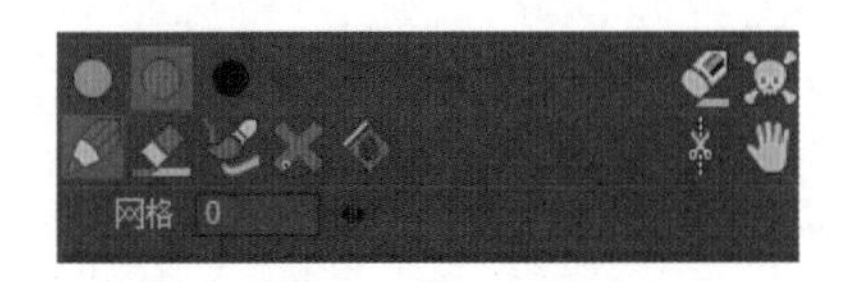

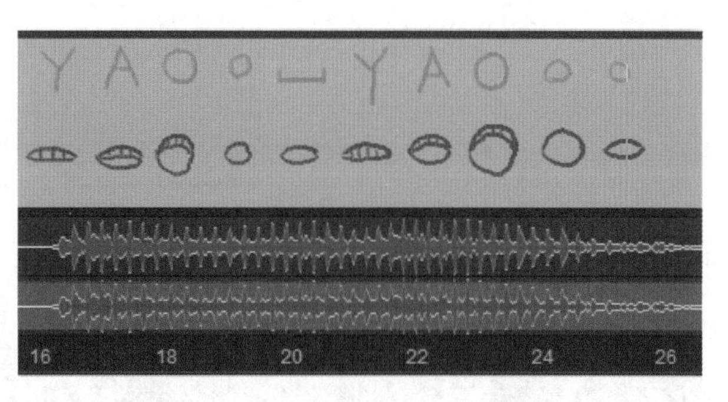

图 6-14（左）
备注面板中选择红色笔刷

图 6-15（右）
在备注区域绘制口型草稿

第三步：依据口型草稿，将动画角色口型绘制完成。首先，仅显示“角色 - 线稿”图层，并打开该图层的“透光台”功能。在该图层的时间轴上，选择第 16 帧图像，用“橡皮擦”工具擦除角色初始状态下的嘴部线条，以“透光台”所透显的前帧图像作为大小和位置参考，以备注区域的口型草稿作为嘴部形状的参考，用笔刷在帧图像上绘制新口型，如图 6-16 所示。通过预览播放，可以检测配音与口型的匹配程度，不断调整角色口型线稿，并依据口型草稿逐帧绘制其他口型线稿，如图 6-17 所示。当完成口型线稿的绘制工作后，可以通过“角色 - 上色”图层对口型进行色彩填充。最终，我们依据配音文件创作口型草稿，并以口型草稿为参考，创作出声画匹配的角色口型动作，如图 6-18 所示。

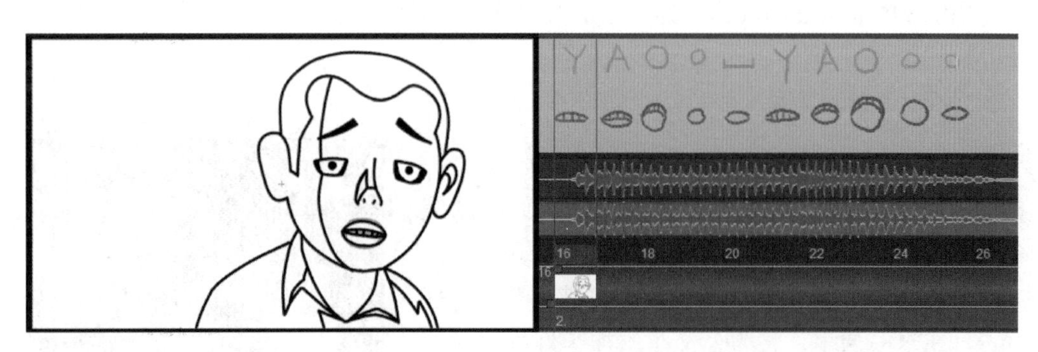

图 6-16
依据口型草稿修改角色口型线稿

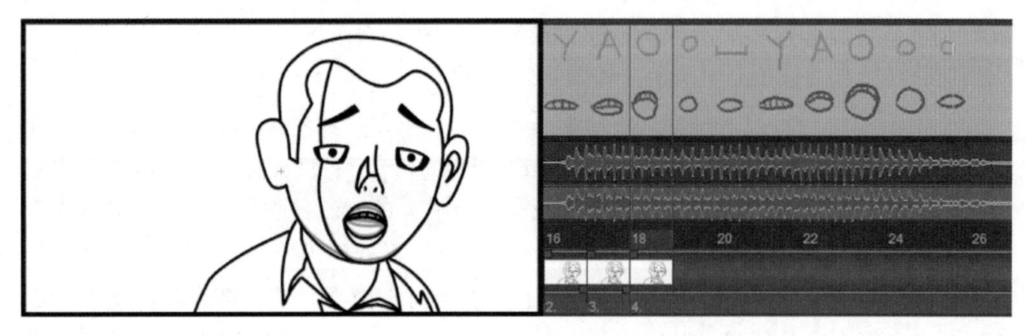

图 6-17
逐帧依据口型草稿修改角色口型线稿

图 6-18
完成色稿及时间轴调整工作，实现声画匹配

6.2 TVPaint Animation 的简单特效

在动画中，经常需要创造模糊、光晕等特殊效果。虽然早期的二维动画作品，通过画笔的绘制也可实现类似的“特殊效果”，但是这一过程需要高超的绘制技法和昂贵的人工成本。随着计算机技术的不断发展，动画特效已可以通过数字技术呈现，不但效果更好，而且可大幅度节省制作成本，提高制作效率。在本节中，将重点介绍如何使用 TVPaint Animation 实现一些简单的特效，如光晕、模糊、倒影及投影效果。

6.2.1 光晕效果

回到公交车的案例中，如果需要给公交车头的车灯添加光晕，可以有许多种方法，如用画笔绘制等。但最为高效的方式还是利用特效来实现。在“公交车”图层之上新建图层，将其更名为“灯光”。在这一层里，将为公交车添加车灯所散射的光晕效果，如图 6-19 所示。

图 6-19
新建“灯光”图层

主面板中选择“线条填充”工具，颜色选择明黄色，根据车灯的轮廓绘制线条并闭合路径，线条所框选的区域自动被填充明黄色，如图 6-20 所示。

在此基础上，在“FX堆栈”中添加新的特效，单击“效果”→“风格化”→“光晕”，调整宽度、高度和内发光颜色，应用“FX 堆栈”，车灯处即呈现出散光的视觉效果，如图 6-21 所示。用“橡皮擦”工具将车灯后方的光晕擦除，即可见车灯的光晕仅朝前方散射，如图 6-22 所示。将“灯光”图层的不透明度降低至 70%，呈现散射效果的光晕变得柔和自然，如图 6-23 所示。依据前文内容，使“灯光”图层在画面中产生自左至右的位置移动。播放预览画面时，我们便可见添加灯光特效后的最终效果，如图 6-24 所示。

图 6-20（右）
用钢笔工具绘制灯光线条，框选区域填充明黄色

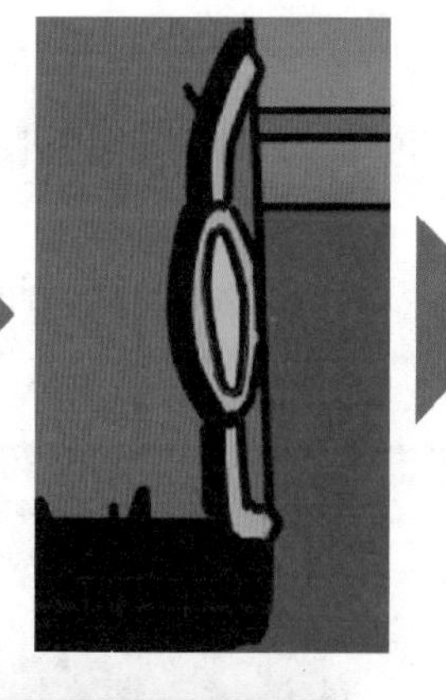

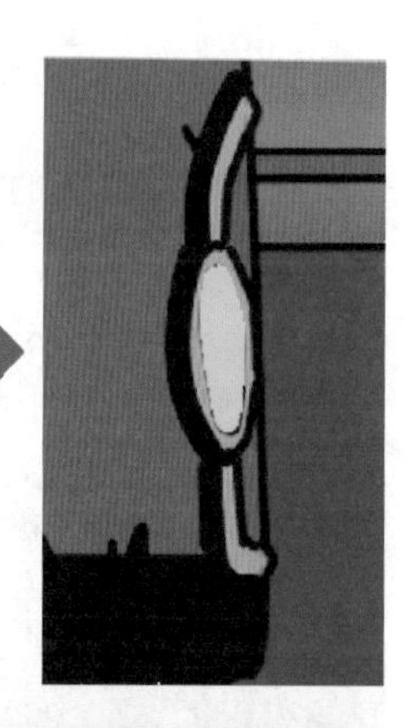

图 6-21（下）
应用“FX堆栈”，车灯处呈现散光视觉效果

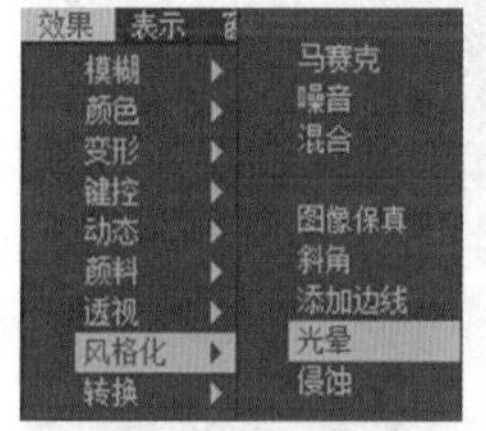

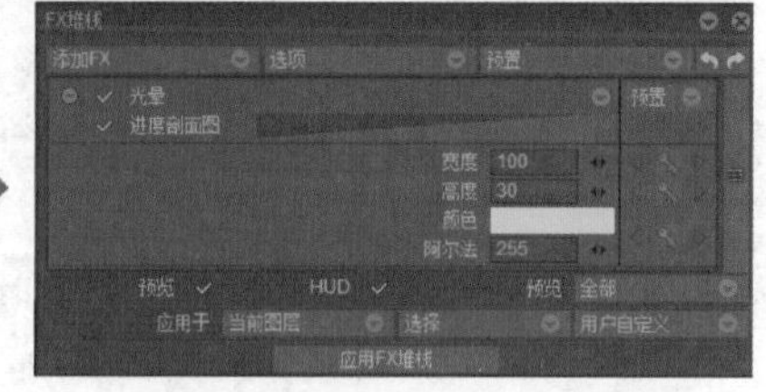

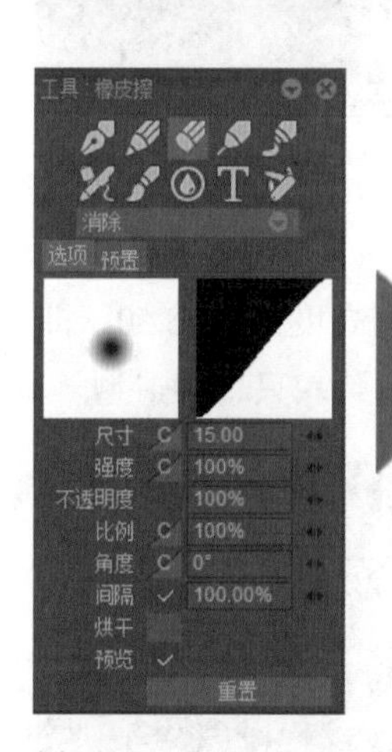

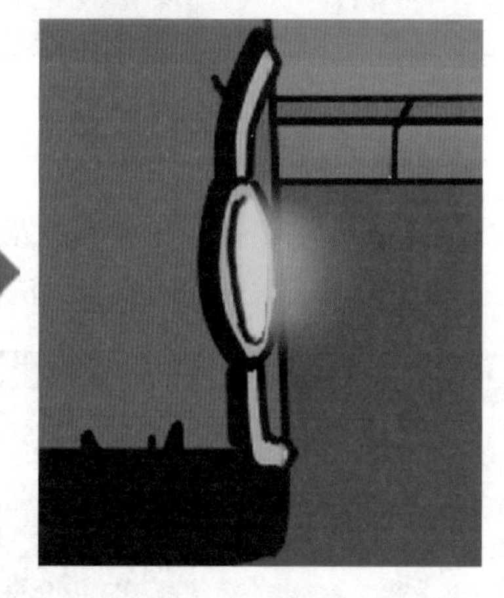

图 6-22
擦除后方光晕，光晕仅朝前方散射

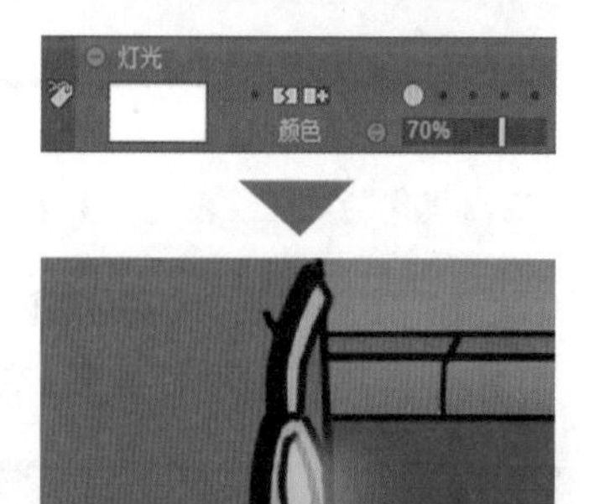

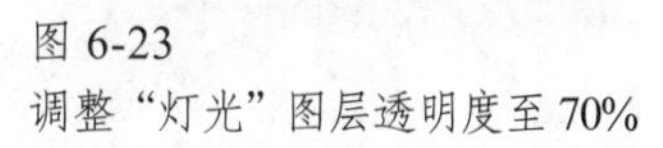

图 6-23
调整“灯光”图层透明度至 70%

图 6-24
添加“灯光”特效后的最终效果

6.2.2 模糊特效

现在回到飞鱼的案例中，为了模拟摄影机的景深效果，计划让第六只鸟（从屏幕前划过的最大一只鸟）变得模糊一些。在这里，需要选中“鸟 6”图层，并通过“效果”→“模糊”→“高斯模糊”，进入“FX 堆栈”面板。将“高斯模糊”的宽度和高度设置成 5，即可见图 6-25 中的模糊效果。这一模糊效果较弱，并不能表现出合适的景深效果。

图 6-25
“高斯模糊”数值设置过低的效果

在“FX 堆栈”面板中继续进行实验，将“高斯模糊”的宽度和高度设置成 40，即可见图 6-26 中的模糊效果。这一模糊效果又太强，使观众无法识别第六只鸟的造型。

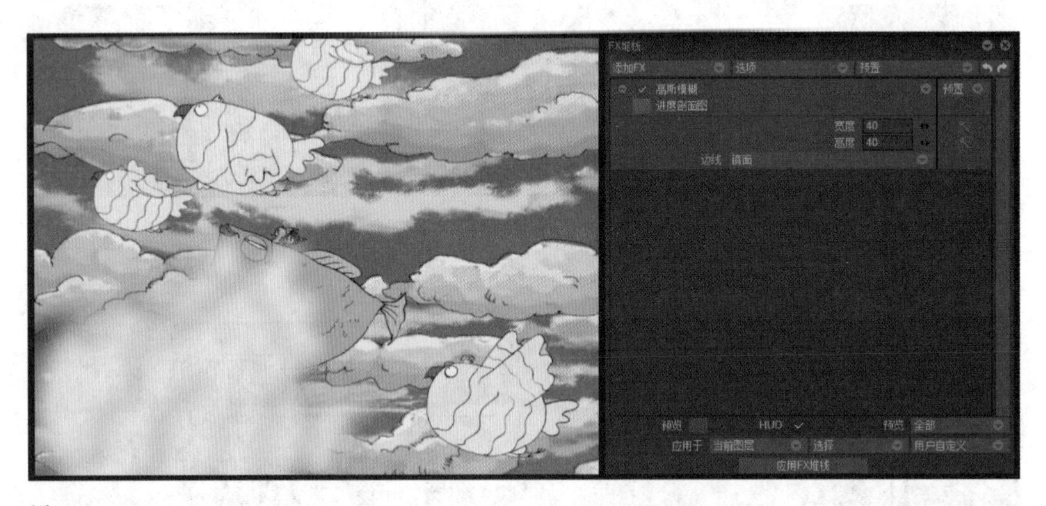

图 6-26
“高斯模糊”数值设置过高的效果

在“FX 堆栈”面板中继续调整参数，将“高斯模糊”的宽度和高度设置成 20，即可见图 6-27 中的模糊效果。这一模糊效果较为理想，既可表现景深效果，又能使观众识别画面信息。选择“鸟 6”图层时间轴中的全部帧图像，单击“应用 FX 堆栈”，即可呈现最终的模糊效果，如图 6-28 所示。由此我们也发现，计算机特效可以随时调整效果参数，不断进行试错与实验，这一点较手绘特效而言，更加便利与灵活。

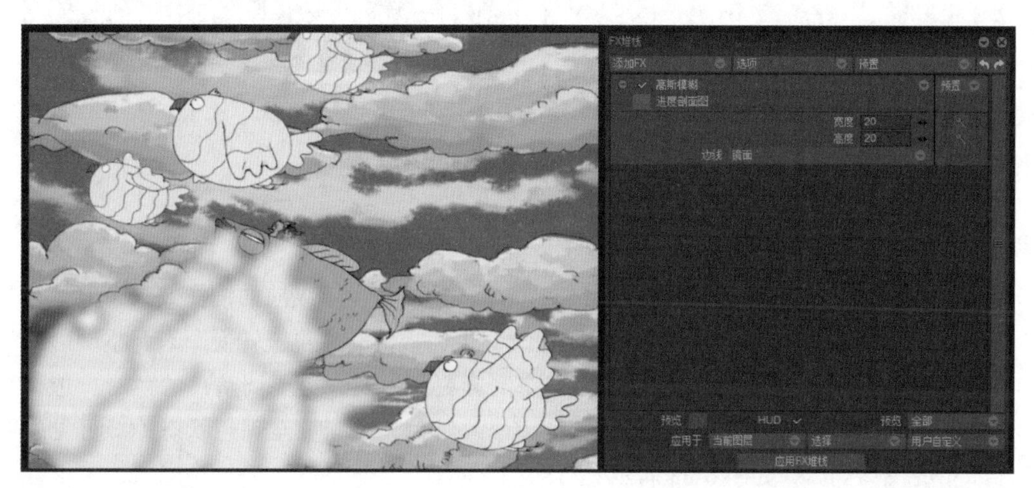

图 6-27
“高斯模糊”数值设置适中的效果

图 6-28
前景中飞鸟的最终模糊效果

6.2.3　倒影效果

如果需要一只飞鸟由画面右端向画面左上方飞行，同时还有水面中的倒影，这种效果该如何实现？在此分步骤进行讲解。

首先，确保飞鸟飞行的运动单独为一个图层，即“鸟 1”图层。在此基础上，根据画面构图在“背景”图层中绘制水面背景，如图 6-29 所示。

在图层面板中，用鼠标右击“鸟 1”图层，选择“复制图层”，如图 6-30 所示，即可在“鸟 1”图层下方生成一个与其一致的新图层。

然后，需要使这一图层在纵向上与“鸟 1”图层呈现镜像效果。进入该图层的“FX 堆栈”面板，找到“纵摇”的“角度”参数，修改为 180°，即可见图 6-31 中的效果。

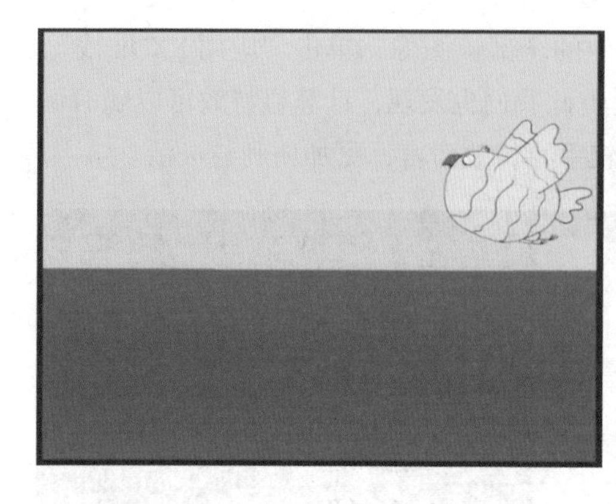

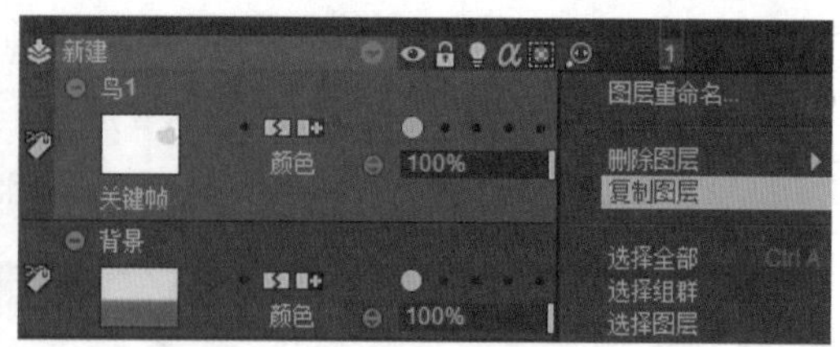

图 6-29（左）
制作水面

图 6-30（右）
复制“鸟 1”图层

在图 6-31 中，虽然复制的新图层与“鸟 1”图层产生了纵向的镜像效果，但是复制图层中的倒影并未在水中呈现，需要通过“主面板”→“位置转换”来调整倒影的具体位置，如图 6-32 所示。同时，为了使倒影更为逼真，需要调整鸟的色彩。选择“效果”→“颜色”→“颜色调整”命令，修改其色相、亮度至理想状态，即可见融于水中的飞鸟倒影，如图 6-33 所示。

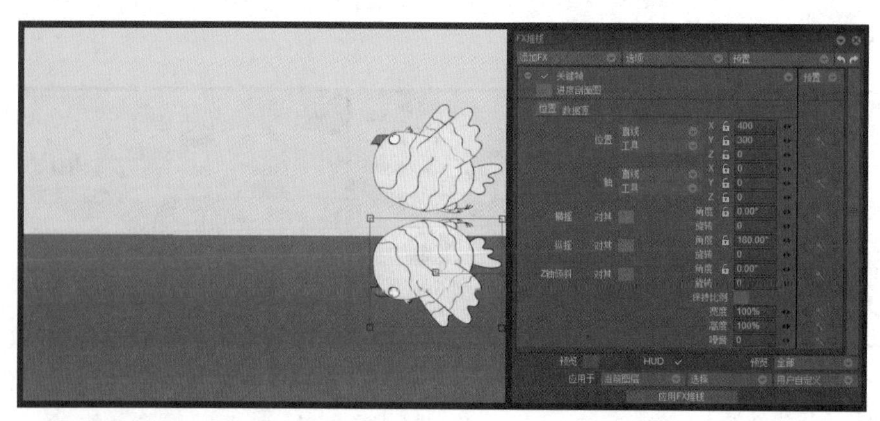

图 6-31
设置纵摇镜像效果

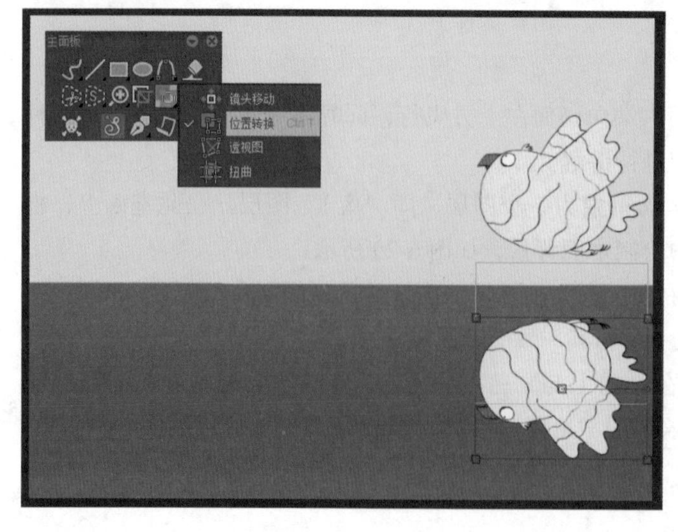

图 6-32
调整镜像位置

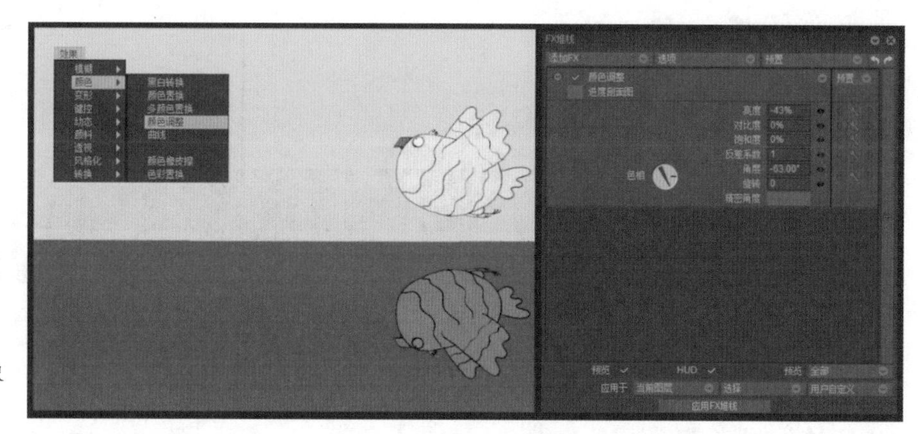

图 6-33 调整镜像颜色

为使特效更具真实性，需要考虑到水中的倒影的波纹变化。添加“效果”→“变形”→“波纹滤镜”，将“波纹滤镜”中的“振幅”参数设置为 50，“波纹”参数设置为 10，即可得图 6-34 中的波纹效果。由于该特效并不是预期的效果，所以仍需不断调整“波纹滤镜”的参数，以达理想状态。

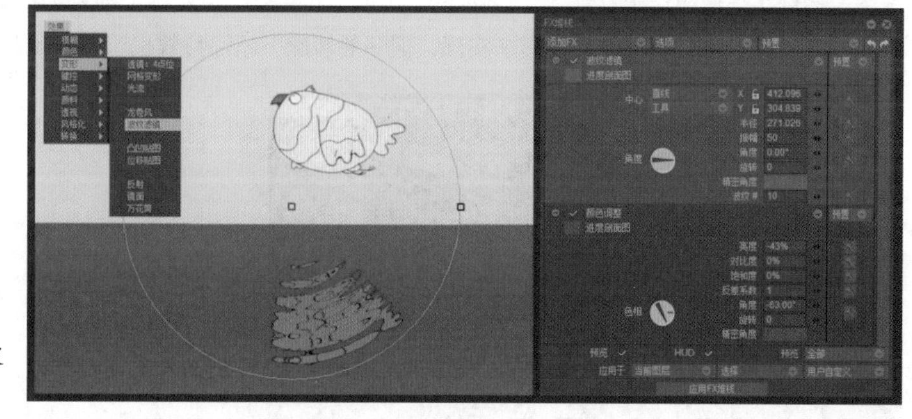

图 6-34 添加“波纹滤镜”

最后，将“波纹滤镜”中的“振幅”参数调整为 10，“波纹”参数调整为 5，即可得图 6-35 中的波纹效果。在这一参数设置下，波纹的视觉效果较为真实可信。选择该图层所有帧图像，单击“应用 FX 堆栈”，即呈现图 6-36 中的飞鸟倒影效果。

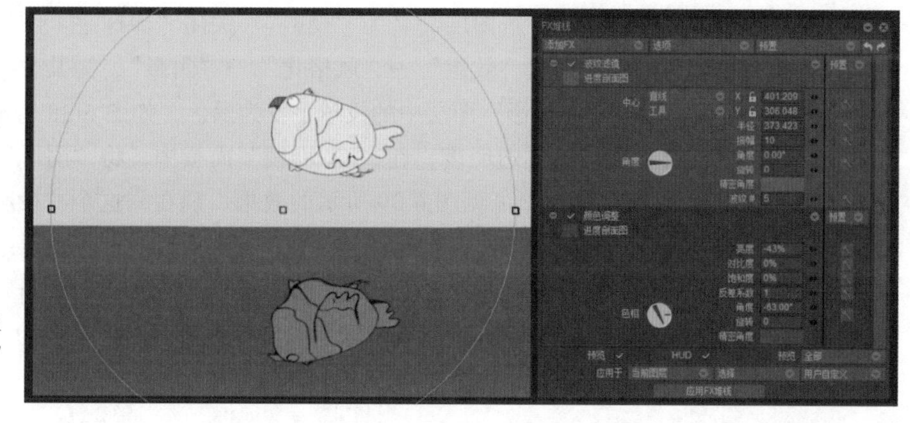

图 6-35 调整“波纹滤镜”参数

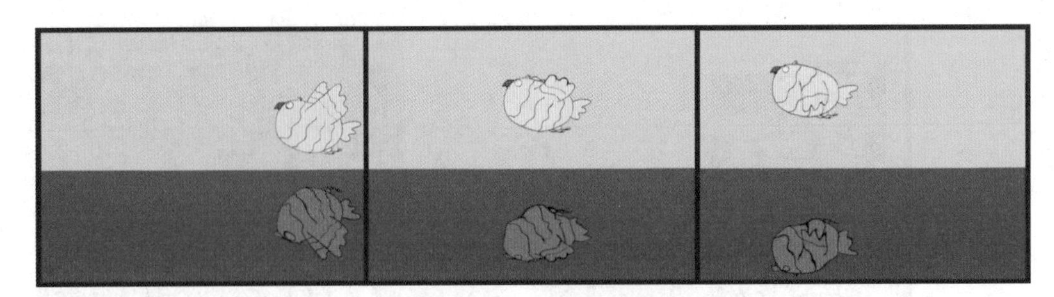

图 6-36
飞鸟倒影效果

6.2.4 投影效果

投影是动画中经常需要表现的效果。制作投影的方法有很多，本小节介绍 TVPaint Animation 中常用的一种方法。

项目中有两个图层，分别是“棒球手”图层和“背景”图层。在没有投影效果的情况下，棒球手仿佛漂浮于背景之上，缺乏真实感，如图 6-37 所示。如何添加投影以增强画面的真实感？可以通过绘制投影来实现，但一般情况下添加特效也可以达到此目的。

图 6-37
无投影情况下，棒球手击球画面

复制“棒球手”图层，并为新图层命名为“投影”。关闭“棒球手”图层的显示效果，选中“投影”图层，通过“效果”→“风格化”→“阴影”，为其“FX 堆栈”添加“阴影”特效，即可见“投影”图层中的投球手变为黑色，如图 6-38 所示。在此基础上，调整“投影”图层的不透明度，在“FX 堆栈”面板中，将“阴影”特效中的“不透明度”参数设为 40，即可见图 6-39 所示的效果。现在，这个“投影”还在“站着”，我们需要让其“躺”下来。可以通过“效果”→“变形”→“透镜：4 点位”来调整“阴影”的形状，使其与地表的透视匹配，如图 6-40 所示。此外，开启“棒球手”图层的显示效果，将投影的双脚位置与棒球手双脚接触地面的位置调为一致，以此实现投影在地面上的最终效果，如图 6-41 所示。

图 6-38
复制棒球手图层并添加“阴影”效果

图 6-39
调整“阴影”效果参数

图 6-40
调整阴影位置及形状

图 6-41
棒球手投影最终效果

虽然，如前文所述，TVPaint Animation 拥有不错的特效功能，但从专业性上来讲，专注特效制作的软件（如 After Effects）会更胜一筹。因此，在下文中会介绍 After Effects 的一些高级特效。

6.3 After Effects 的高级特效

在前面的章节中，我们提到的数字二维动画制作流程是：先进入 TVPaint Animation 软件，进行勾线、上色、动画、合成等工作，再进入 Premiere 进行剪辑、配音，最后输出。但是，如果追求更好的画面效果和更电影化的画面色彩，可以加入后期软件来提升画面“档次”，图 6-42 所示是动画短片《兔子的尾巴》和《燕尾蝶》的画面截图。

图 6-42
动画短片《兔子的尾巴》和《燕尾蝶》的画面截图

这样的画面色彩和气氛，如果不通过后期软件，而只是用 TVPaint Animation 等软件的上色功能，是很难达到的。

一般情况下，我们看到的绝大多数的动画电影都要经过这样一个步骤的画面处理。这个步骤应该放在 TVPaint Animation 之后，剪辑之前，即每个镜头进入诸如 After Effects 等后期软件中进行画面处理。在这里我们通过两个例子来介绍 After Effects 常用的画面处理方式。

6.3.1 案例一

1. 案例介绍

此镜头是老奶奶对着镜子（在画外）比试这件粉红色的表演服。素材比较简单，包括一张背景图，老奶奶角色的动画序列帧[①]，如图 6-43 所示。

在进入 After Effects 之前，两层合并的画面效果如图 6-44 所示。

客观地说，这样的画面效果已经比较和谐，这是前期多次在绘图软件中进行效果图的比较和色指定的实验所得到的结果。但是，如果细细体会的话，可以发现：背景有些抢角色的“戏份”；角色和道具（戏服）有些“平”；窗外的阳光照进屋内的感觉还不够……如果经过 After Effects 的相关处理，画面效果和氛围可以得到进一步的提升。图 6-45 所示是 After Effects 处理之后镜头的画面效果。

图 6-43
本镜头包含两层

图 6-44
简单合成（没有添加特效）

图 6-45
添加特效以后的画面效果

经过 After Effects 处理之后，画面增加了如下效果。

- 背景变模糊，以营造画面景深效果。
- 背景画面左下部颜色在原画稿基础上变暗，以模仿随着房间深度的变化光线衰减的效果。
- 添加窗外光线，增加场景的光影效果。
- 角色身上添加光影变化，使角色大部分位于背光面，只有角色右端受光。

① 在 TVPaint Animation 中绘制完角色动作之后，因为考虑到要输出到 After Effects 中继续制作画面效果，所以需要在导出序列帧时选择输出具有透明通道的 PNG 序列帧。

2. 实现步骤

打开 After Effects 后，可以看到主要有三个窗口，包括素材库窗口、监视器窗口、时间线窗口，如图 6-46 所示。

根据导演要求确定此文件的时间线长度，选择菜单中的“合成”→“新建合成”命令，在弹出面板的持续时间属性中输入本镜头的长度，如图 6-47 所示。

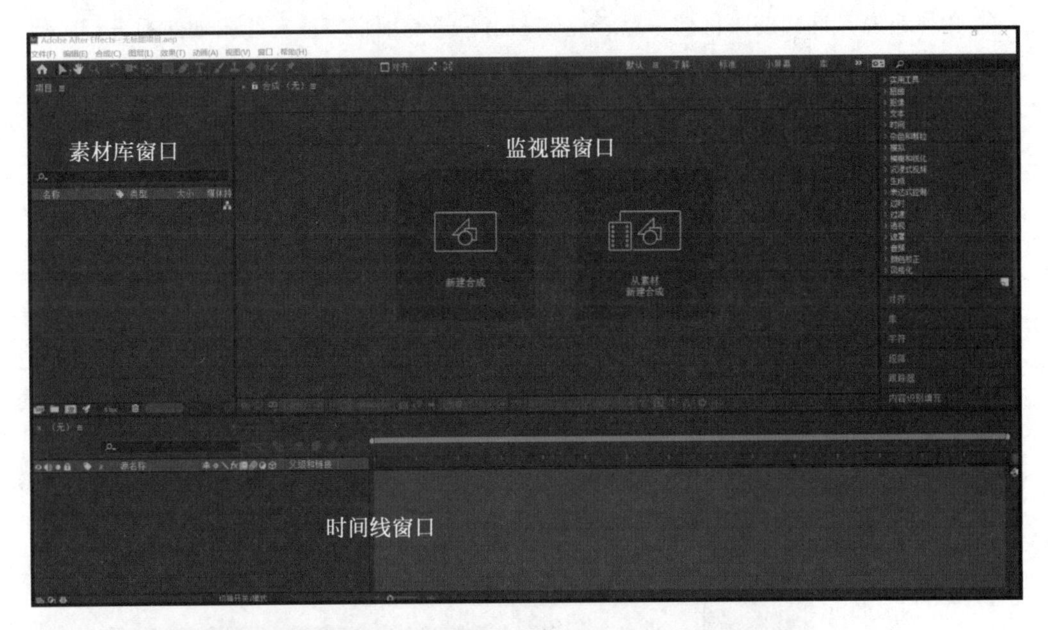

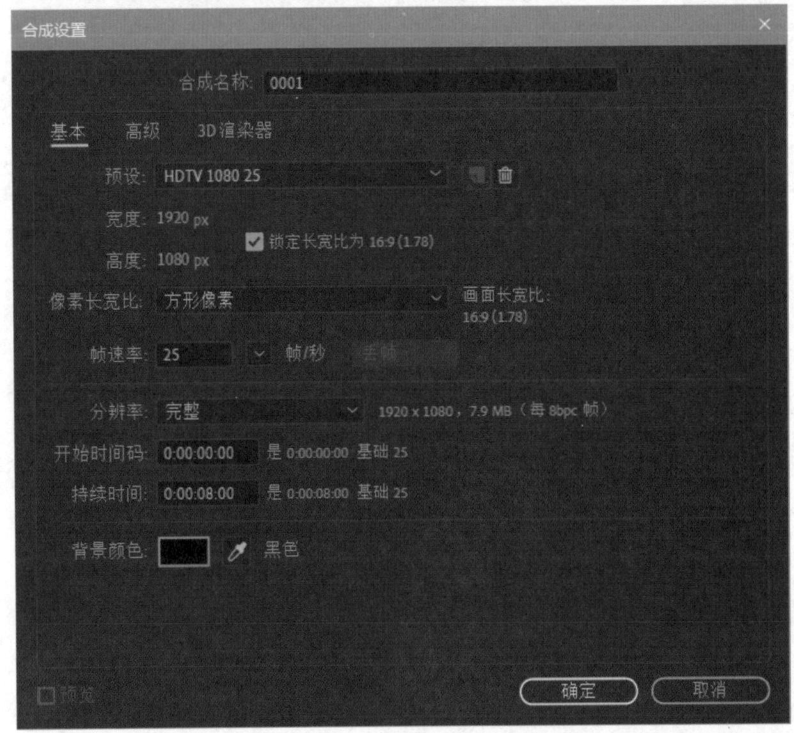

图 6-46（上）
三个主要的窗口

图 6-47（左）
设置本镜头的时长

将老奶奶序列帧（在这个例子中由于没有动画，也就无所谓序列帧，所以只导入一张画稿）、背景图导入素材库窗口，并拖到时间轴上，使老奶奶位于上层，背景为底层，如图 6-48 所示。

图 6-48
两层初步合成到一起

（1）首先为背景添加模糊效果。在时间线中选择背景层，然后在“效果和预设”面板中的“模糊和锐化”下面找到“高斯模糊”效果并双击，图 6-49 是“高斯模糊”在“效果和预设”面板中的位置。

在素材库位置，单击“效果控件”标签切换到特效设置窗口。在选择背景层的情况下可以看到，特效设置窗口是关于背景层的特效设置。现在此窗口中只有一个特效，便是刚刚添加的高斯模糊，将其模糊度设为 7.1。可以看到，背景已经变模糊，画面看起来具有一定的深度[①]，如图 6-50 所示。

（2）接下来为背景画面左部降低亮度，使画面背景从右端到左端亮度逐渐变暗。用鼠标右击时间轴左部的空白处，在弹出的菜单中选择“新建”→“调整图层”命令，添加一个调整图层，并将其置于背景层之上，老奶奶层之下[②]。选择钢笔工具，在调整图层上面绘制如图 6-51 所示路径。

图 6-49
添加模糊效果

① 这样做是为了模拟摄影机的物理特性。我们知道，真实的摄影机（尤其是具有大光圈镜头的摄影机）可以具有较小的景深范围。也就是说，当摄影机焦点聚焦在某一平面上，在其前后（z 轴方向）一定距离的范围以外，被摄物体会变得模糊。电影艺术经常使用这种摄影机的小景深的特点，来突出画面内的主体。

② 调整图层本身没有内容，但是它可以添加各种特效。就像一个透明的玻璃层一样，添加在它上面的各种特效会影响位于它下面的层，而不会影响上面的层。但是位于它下面的层本身没有发生任何变化，只是从上面看，调整图层给它们“罩上”了若干特效。

图 6-50
小景深效果

图 6-51
绘制遮罩

也就是说，在调整图层上添加任何特效，将只在这个遮罩范围内产生效果。为调整图层添加“亮度和对比度”特效，并调整数值，将遮罩区域内亮度变暗，如图 6-52 所示。

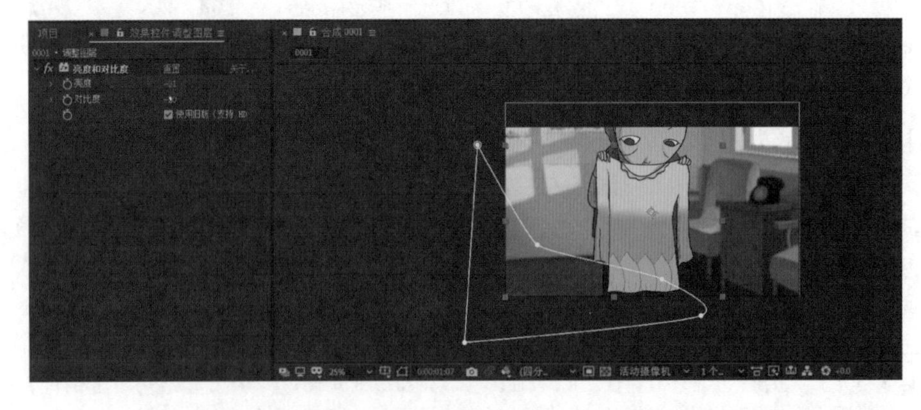

图 6-52
利用“亮度和对比度”特效将遮罩区域变暗

虽然此区域变暗，但是边缘却“过硬”，缺乏过渡。单击时间轴中调整图层左边的三角形图标以展开此层相关属性，找到蒙版羽化属性。顾名思义，蒙版羽化即遮罩的羽化值，它可以将遮罩边缘平滑过渡。将此值设为 261，遮罩边缘被柔化，如图 6-53 所示。

图 6-53
柔化遮罩边缘

（3）下面我们调整老奶奶角色身体的光影。复制老奶奶层，在新复制的老奶奶层上用钢笔工具绘制遮罩，这个遮罩内的区域是角色的背光面，即暗部。如果我们隐藏此层下面的老奶奶层，会发现绘制遮罩后的这个层只会保留遮罩内部的区域，如图 6-54 所示，这也是为什么我们要复制一层再操作的原因。

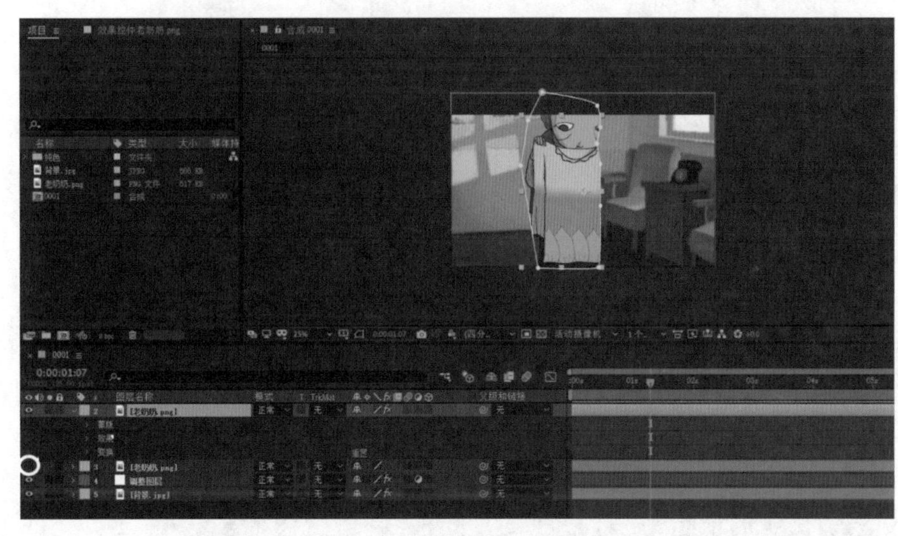

图 6-54
直接在画稿层上绘制遮罩则只会保留遮罩内的部分

为此层添加“亮度和对比度”特效，并调整数值，将遮罩内区域亮度变暗，显示下面的角色层，如图 6-55 所示。

显然遮罩的边缘“过硬”，通过在时间轴中调整遮罩边缘的羽化值，使光影过渡变得自然，如图 6-56 所示。

（4）最后为本镜头添加从窗户外面照射进来的光线质感。用鼠标右击时间轴左部的空白处，在弹出的菜单中选择“新建”→“纯色”命令，添加一个纯色层，并将其置于所有层之上。在弹出的窗口中将颜色设为阳光的暖色调，如图 6-57 所示。

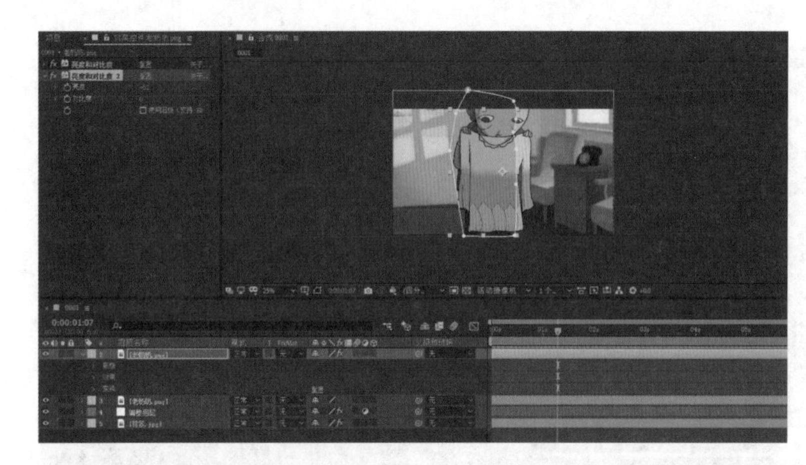

图 6-55
制作暗部效果

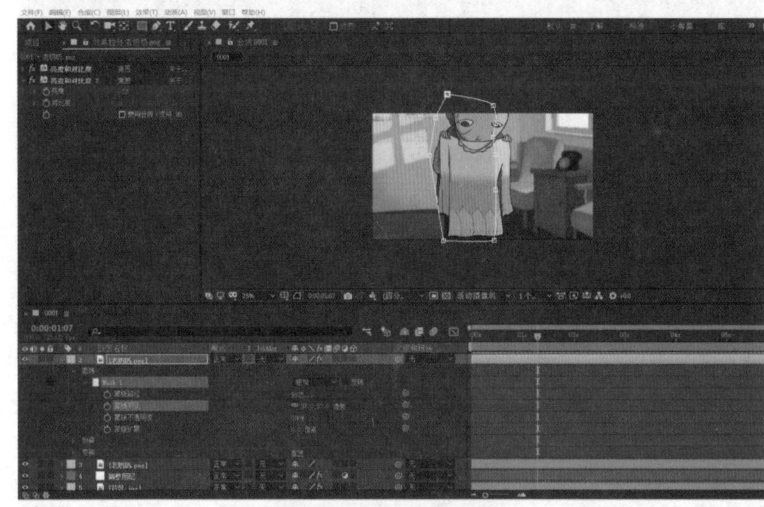

图 6-56
柔化边缘

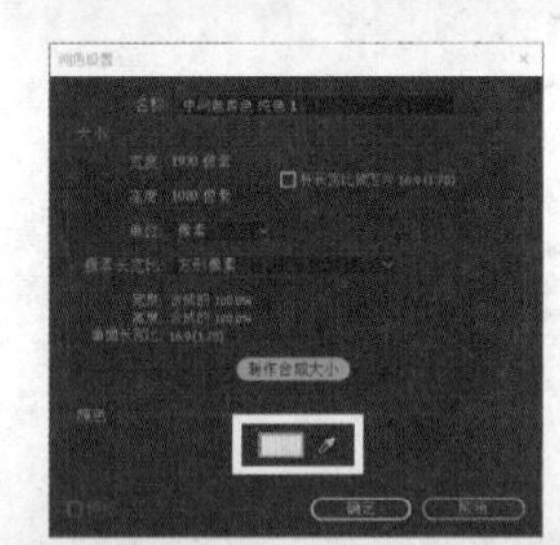

图 6-57
纯色层是具有某种单一色彩的层

将此层以半透明显示，方便看到下面的图层，如图 6-58 所示。

用钢笔工具绘制遮罩，遮罩的形状和位置是窗户外面射进的阳光，如图 6-59 所示。

设置遮罩的羽化值，使其边缘柔化，如图 6-60 所示。

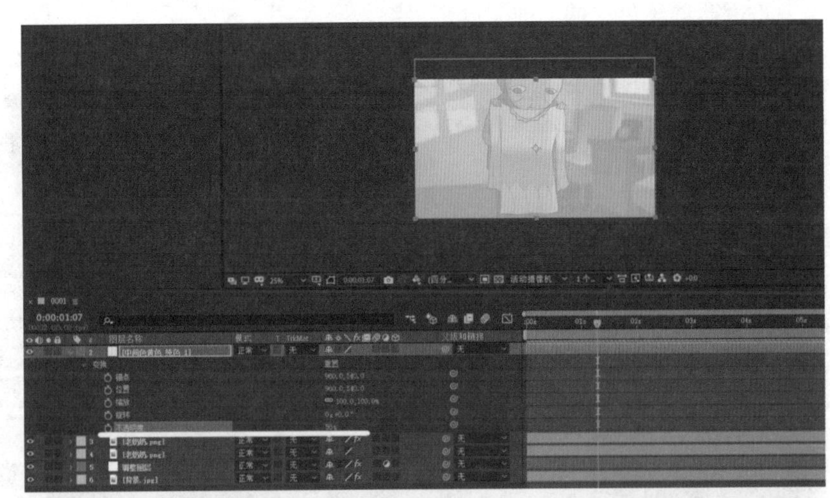

图 6-58
半透明的纯色层

图 6-59
遮罩定义阳光范围

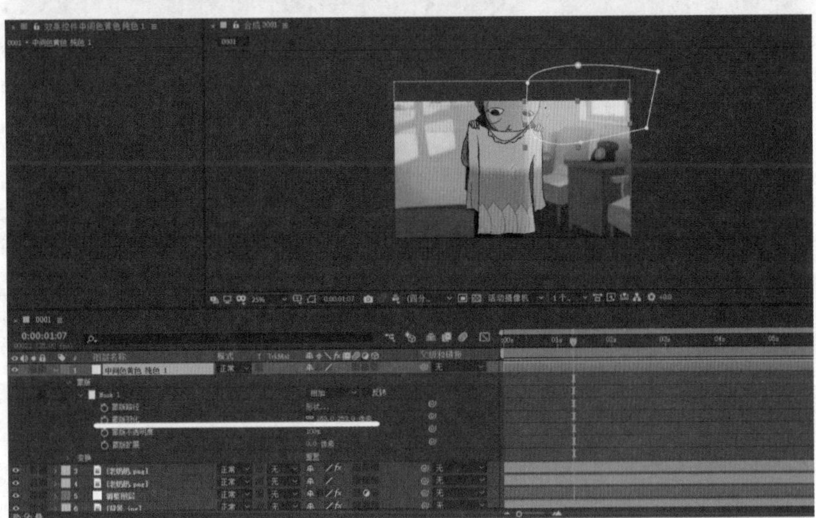

图 6-60
柔化边缘

在时间轴上用鼠标右击此层，在弹出的菜单中选择“混合模式”→“屏幕”命令，即让此层以滤色的模式与其下面的层叠加。这种叠加方式与光线的效果更类似，如图 6-61 所示。

最后微调纯色层的不透明度，最终效果如图 6-62 所示。

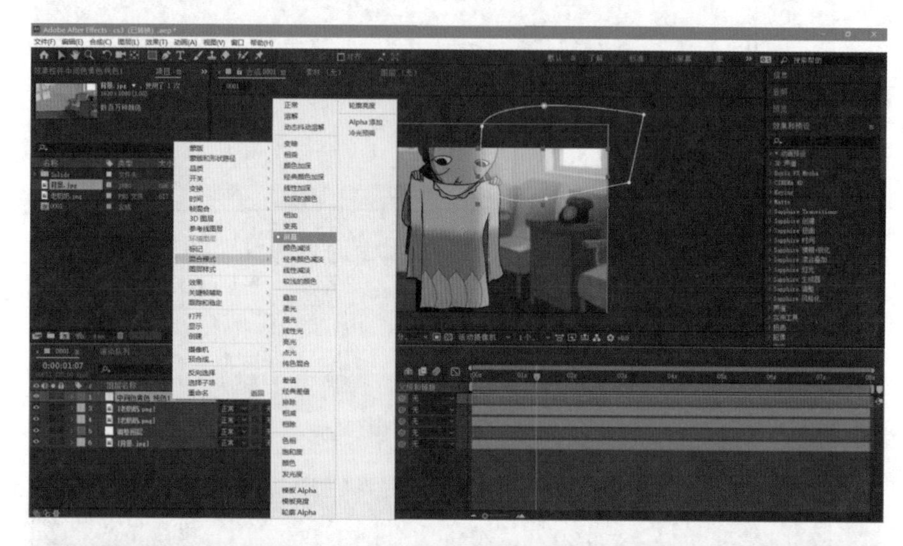

图 6-61 改变层的叠加方式为滤色

图 6-62 最终效果图

6.3.2 案例二

1. 案例介绍

这个镜头是表现在 20 世纪五六十年代，一个国营厂的五一劳动节职工文艺会演现场，年轻的女孩站在剧场舞台上演唱的场景。素材包括背景（一张画稿）、带透明通道的观众背影（一张画稿）、演唱的女孩（134 张序列帧），如图 6-63 所示。

如果不做任何效果将三层简单的合成到一起，得到如图 6-64 所示的画面效果。

这样的画面稍有些平淡，缺乏那个年代的特征；女孩后面的舞台光线过于平面化，应该将光线和镜头的重点集中在女孩身上……如果经过 After Effects 的相关处理，画面效果和氛围可以得到进一步的提升，图 6-65 是 After Effects 处理之后镜头的画面效果。

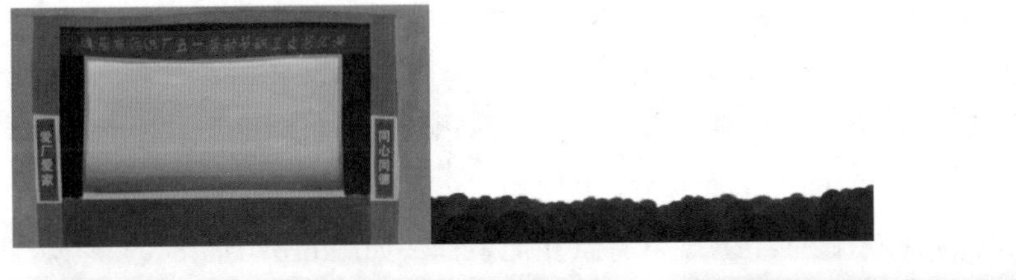

图 6-63
三层素材

图 6-64
简单合成（没有添加特效）

图 6-65
添加特效之后的画面效果

经过 After Effects 处理之后，画面增加了如下效果。

- 整体画面的颜色趋于红色和褐色，增加了年代感。
- 整体画面做了横向的模糊效果，同样是为了营造年代感。
- 做了光影效果，包括女孩在舞台后方的投影、射灯投影在舞台后方形成的圆形光晕、舞台背景中间亮度增加周围变暗。

2. 实现步骤

新建 After Effects 工程文件，在素材库中导入三个素材。注意在导入序列帧的时候要选中序列帧选项，如图 6-66 所示。

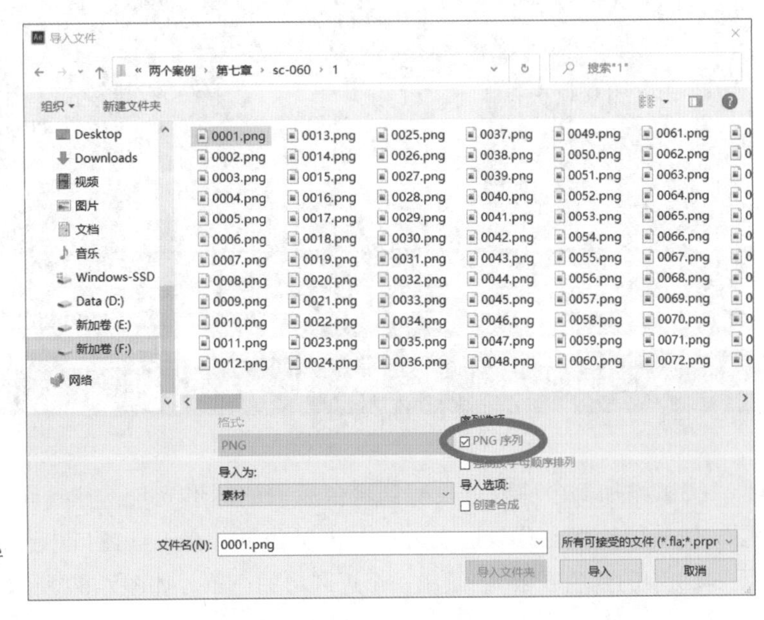

图 6-66
选中序列帧选项才能导入动画视频

（1）将三层导入时间线上后，进行第一个特效的制作。观众的背影过于清晰，有些“抢”主要角色的戏份，所以需要将它模糊。为了营造出特殊的历史气氛，将使用方向模糊的方式，即让观众背影以水平横向的方式模糊。这里采用“效果和预设”面板中的“模糊和锐化”下面的“定向模糊”特效。通过设置方向模糊的角度（约90°）、模糊强度（约33），使画面中的观众背景横向模糊，如图6-67所示。

（2）调整女孩的颜色。考虑到最终的画面效果要统一在黄色和褐色的调子里，所以女孩身上的颜色（尤其是裤子的蓝色）目前看起来与这种色调不太契合，所以需要将角色的色彩纯度降低。在“效果和预设”面板中的“颜色校正”下面找到“色相/饱和度”，添加给女孩角色，并将主饱和度数值设为–67，以降低其色彩饱和度，如图6-68所示。

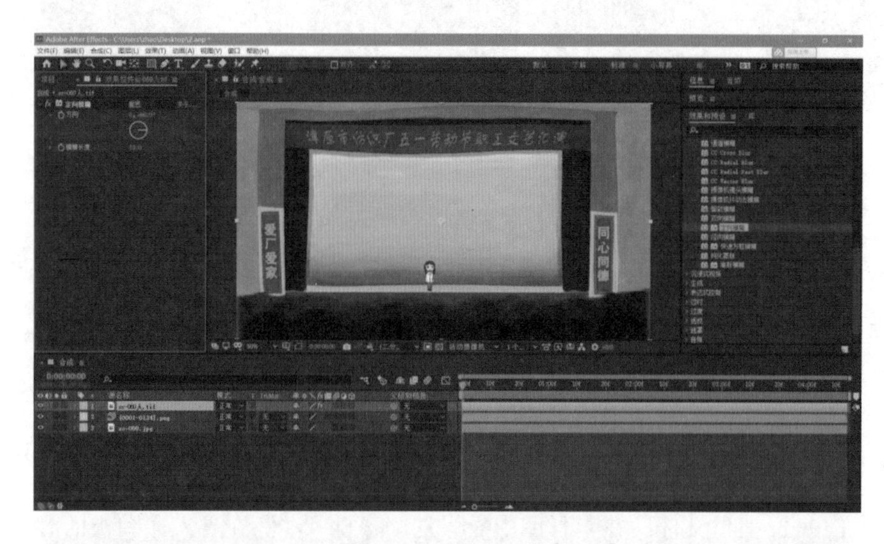

图6-67
为观众层添加方向模糊特效使观众背景横向模糊

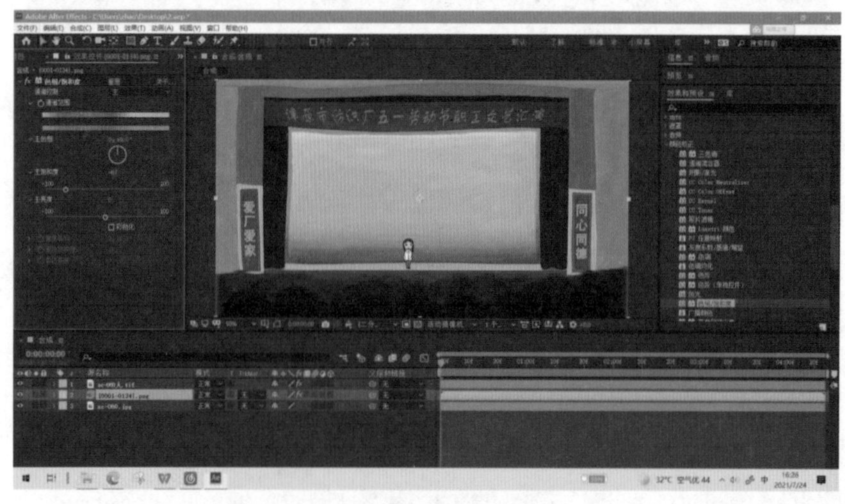

图6-68
降低女孩色彩纯度

（3）添加舞台前射灯投射到舞台后面的圆形光晕。在时间线中新建一个调整图层，使其位于舞台背景层之上、女孩层之下。在工具窗口中选择椭圆绘制工具（见图6-69中的红色区域），绘制一个近圆形的遮罩，如图6-69所示。

为这个调整图层添加“曲线”特效（“效果和预设”面板中的“颜色校正”下面），并将曲线向上弯曲（即将遮罩内的所有位于调整图层之下的层的色彩调亮），如图 6-70 所示。

图 6-69　圆形遮罩用来模仿射灯投射在幕布上的光线

图 6-70　利用曲线特效提亮遮罩内的背景画面

显然光晕的边缘过“硬”，所以在时间线中将遮罩的“蒙版羽化”属性（羽化值）调到 30 左右。镜头画面中的光晕边缘变得柔和，如图 6-71 所示。

（4）有了光线一定得有女孩的投影。这里制作女孩投影的方式可以借鉴在 TVPaint Animation 中制作投影的方式。复制女孩层，使其位于舞台背景层之上，调整图层之下。通过鼠标在镜头画面内拖动此层来调整层的位置，并在此层的子属性中设置“变换”下面的“缩放”值来调整层的大小，使女孩层的大小和位置大致符合光线投影到背景上的效果，如图 6-72 所示。

从物理原理上讲，投影不可能和角色完全平行。所以添加变换特效（“效果和预设”面板中的“扭曲”下面），为其设置适当数值，使其有一定角度的倾斜，并将其不透明度调整为 50% 左右，如图 6-73 所示。

图 6-71 柔化遮罩边缘

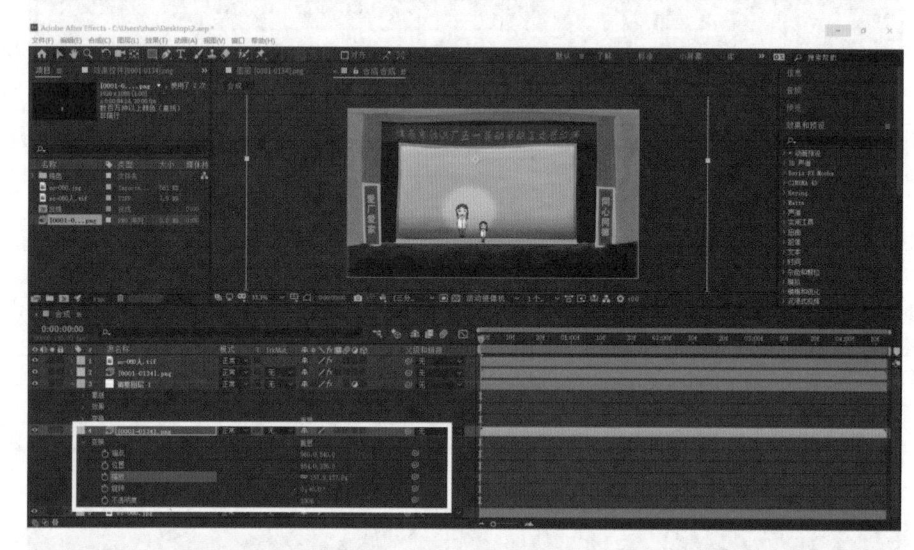

图 6-72 调整层的大小和位置来模仿投影

图 6-73 添加“变换”特效并调整其倾斜度和透明度

添加“色相 / 饱和度”特效，将主饱和度和主亮度数值统统调到最低值，使此层变成黑色，如图 6-74 所示。

添加高斯模糊效果，并将模糊度调整到 11 左右，使投影边缘模糊，如图 6-75 所示。

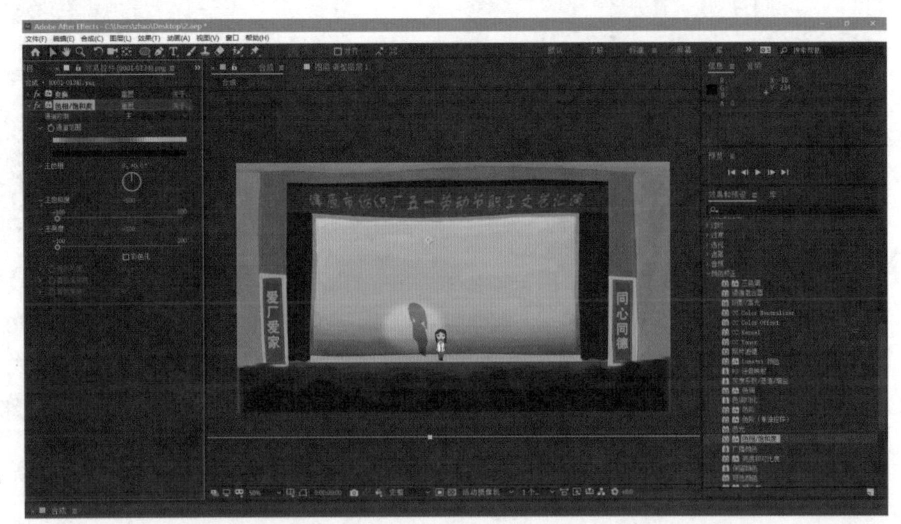

图 6-74
终于变成“影子”了

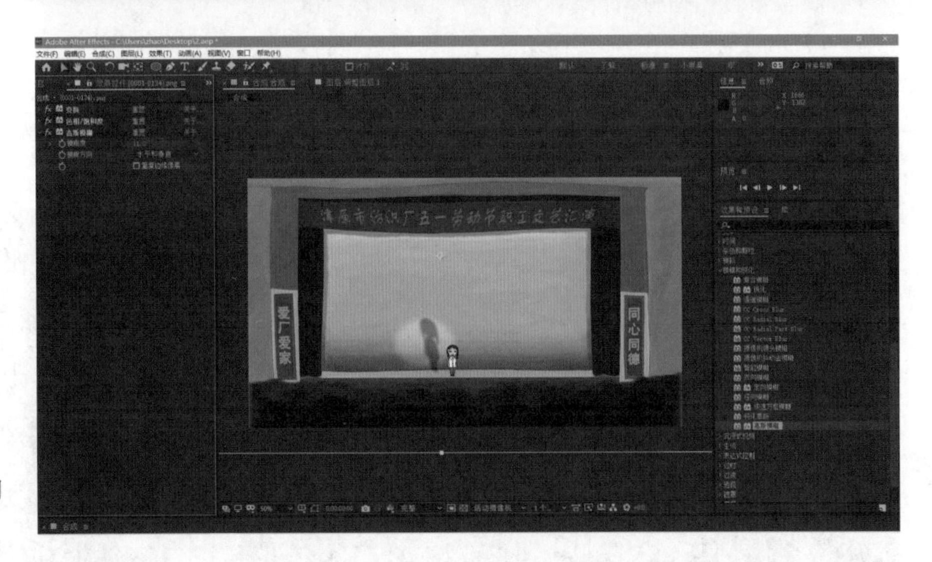

图 6-75
添加模糊效果

（5）将画面整体饱和度降低（除了舞台上方的条幅和两侧的红色牌匾），以营造历史感。新建一个调整图层，使其位于所有层的上方。用钢笔工具在此层绘制遮罩，将条幅和牌匾画出，设置一定的羽化值使其边缘柔化；然后在时间线窗口中将这三个遮罩右侧的反转选项选中（表示反选），将三个遮罩的叠加方式改为交集①，并为此层添加“色相 / 饱和度”特效，将主饱和度数值减小，使画面色彩饱和度降低，如图 6-76 所示。

① 遮罩的组合叠加可以产生复杂的遮罩形式。在时间线的遮罩组合属性中有如下几个遮罩模式：Add、Subtract、Intersect、Lighten、Darken、Difference。在本例中，要选择除遮罩之外的画面部分，则分别让三个遮罩反选，通过设置三个交集找出它们共同部分，即为我们的目的所选。

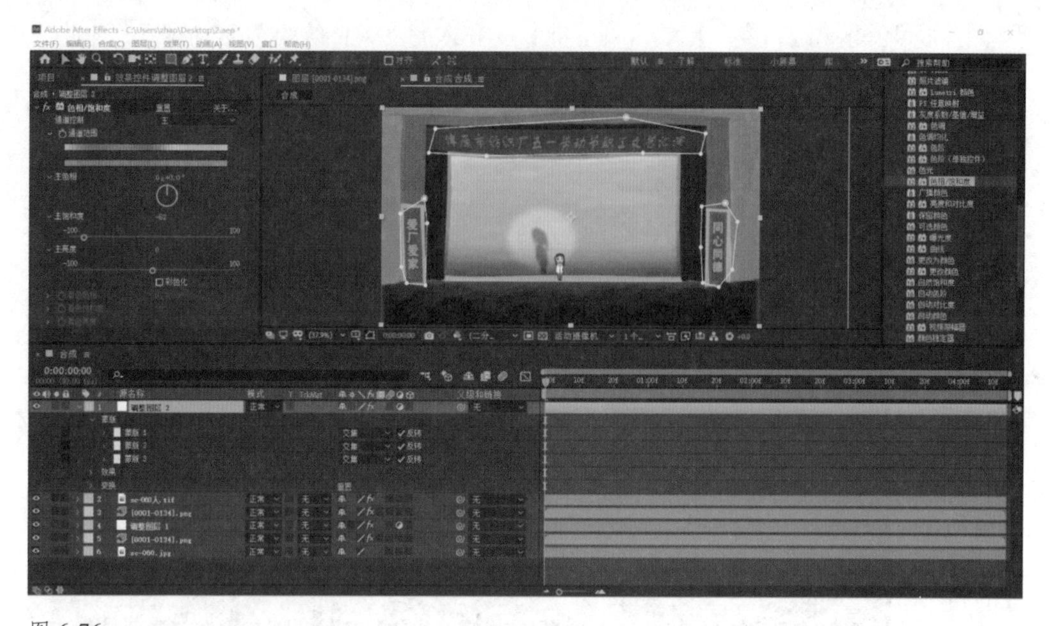

图 6-76
降低画面饱和度

（6）此时的画面主体还不够突出，我们希望将舞台四周的亮度变暗。新建一个调整图层，使其位于所有层的上方。用钢笔工具在此层绘制遮罩，画出舞台四周区域，并设置一定的羽化值，添加曲线特效，将此区域的亮度降低，如图 6-77 所示。

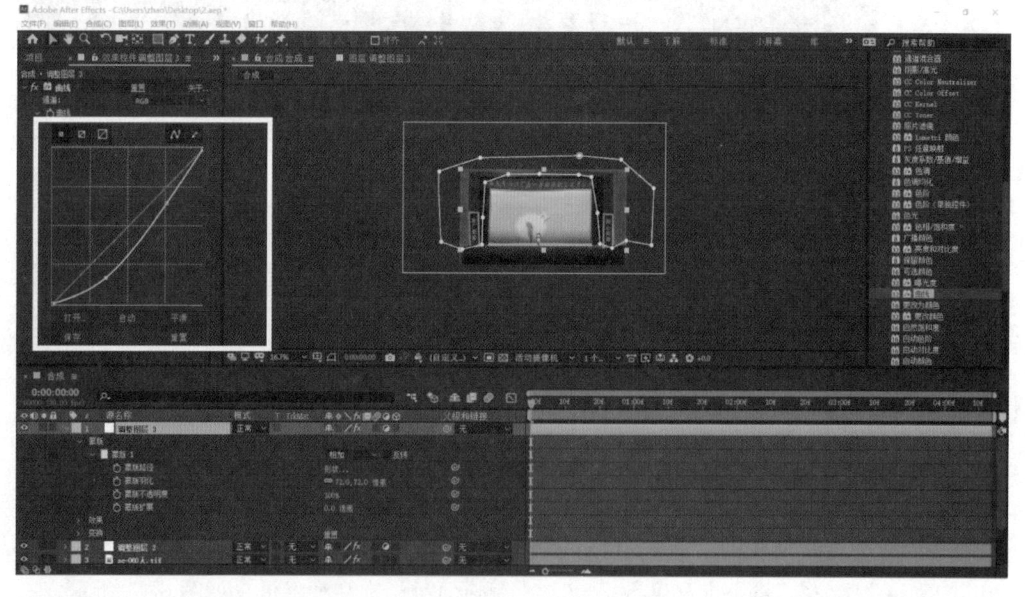

图 6-77
降低舞台周围的亮度

（7）两面的牌匾上的字有些过于清晰，我们将其做适当的模糊（上面的横幅由于叙事原因需要保持原样）。新建一个调整图层，使其位于所有层的上方。用钢笔工具在此层绘制遮罩，画出牌匾区域，设置一定的羽化值，并添加高斯模糊，如图 6-78 所示。

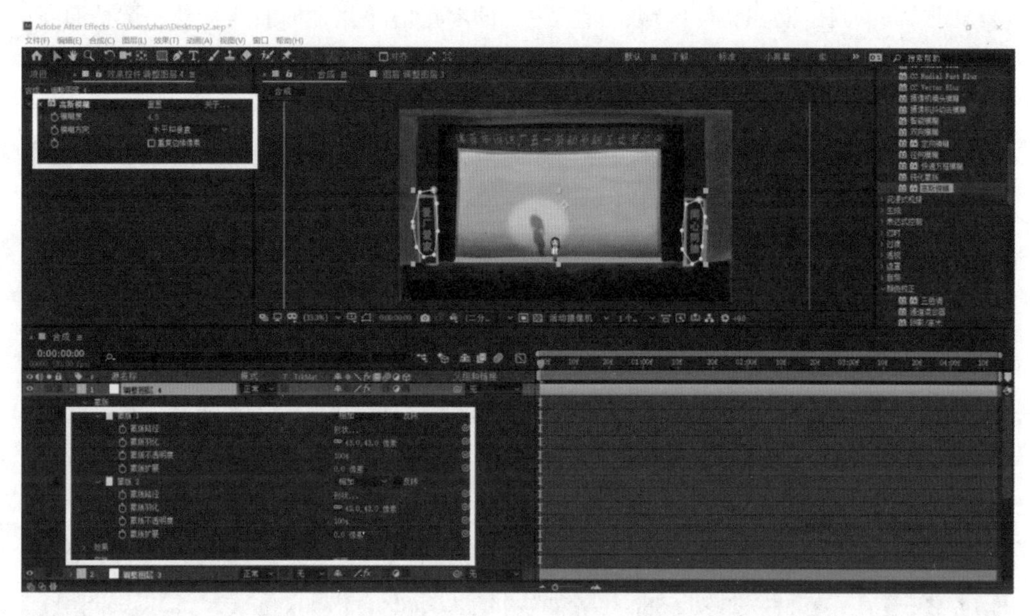

图 6-78
模糊两边的牌匾

（8）现在看来舞台后方光线缺乏变化，应制造出随着光线的衰减越靠近边缘越暗的效果。新建一个调整图层，使其位于所有层的上方。用钢笔工具在此层绘制遮罩，画出要变暗的区域，设置一定的羽化值，并添加“亮度和对比度”特效（“效果和预设”面板中的“颜色校正”下面），如图 6-79 所示。

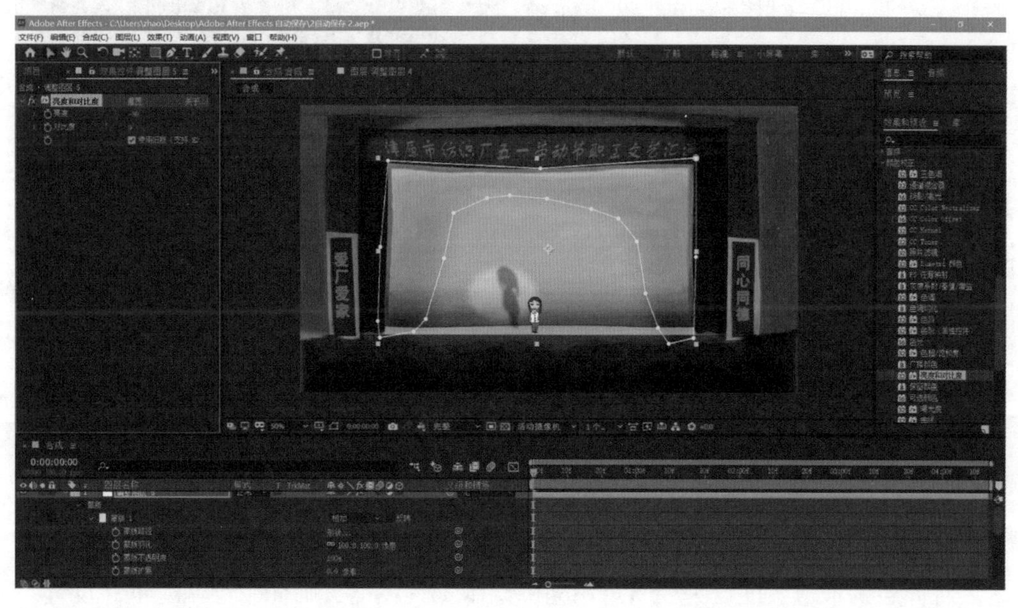

图 6-79
制作幕布上的光线变化

效果还不够突出。新建一个调整图层，使其位于观众层的上方。用钢笔工具在此层绘制遮罩，画出要变亮的区域，设置一定的羽化值，并添加曲线特效，调整曲线，增加亮度，如图 6-80 所示。

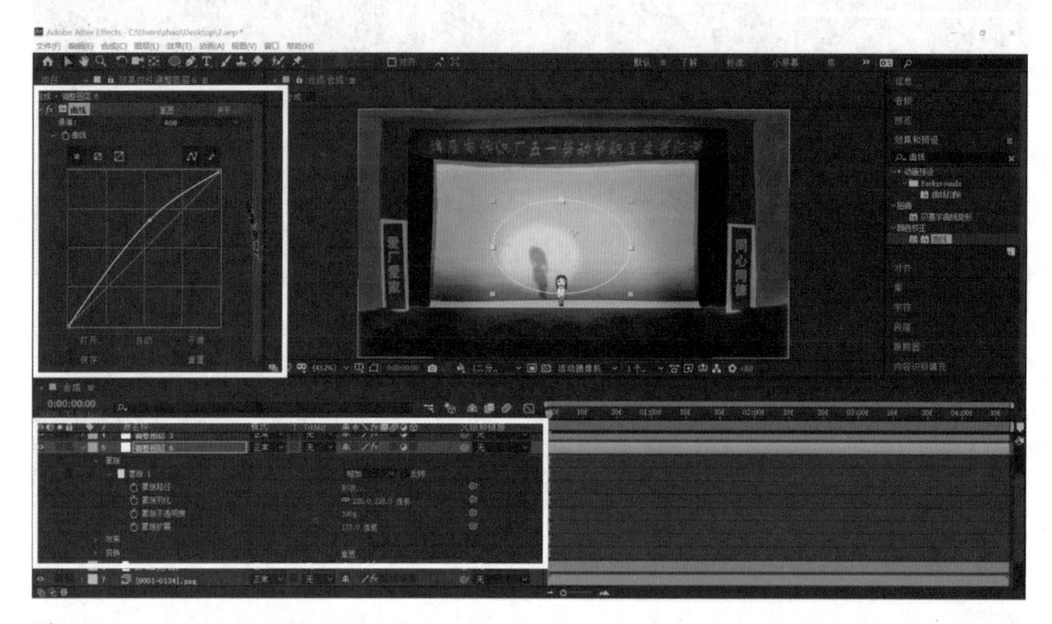

图 6-80
增加幕布中心部分的亮度

（9）现在为画面制作特效，使其整体色彩偏红色和褐色。设置画面整体色彩倾向的方法有很多，这里只介绍其中一种方法。新建一个纯色层，使其位于所有层的最上方，并设置此层的颜色为图 6-81 所示色彩。

图 6-81
新建红褐色的纯色层

将此层的不透明度设为 40% 左右，镜头中露出了此层下面的图层，如图 6-82 所示。

在时间线窗口中用鼠标右击此层，在弹出的菜单中选择“混合模式”→“叠加”命令，即让此层以“叠加”的模式与其下面的层叠加。画面色彩趋向褐色，如图 6-83 所示。

如果全部镜头画面都偏向某一色调会稍显单调而缺少变化，考虑到射灯投射到女孩身上和其后面的幕布上会有一定的色彩倾向，所以我们计划将此区域的色彩稍微向黄色调整。

新建一个纯色层，使其位于所有层的最上方，并设置此层的颜色为图 6-84 所示色彩。

将此层的不透明度设为 35%。用椭圆绘制工具在镜头画面中绘制遮罩并设置一定的羽化值，以定义射灯照射区域。绘制完成后，同样在时间线窗口中用鼠标右击此

图 6-82（上）
半透明的纯色层

图 6-83（中）
改变层的叠加方式为“叠加”

图 6-84（下）
新建黄色的纯色层

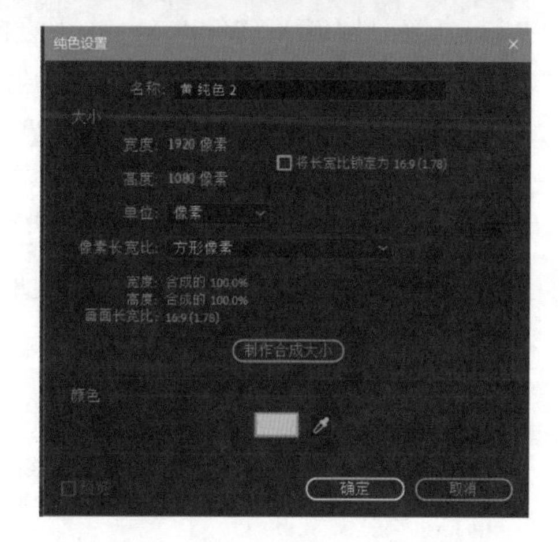

层，在弹出的菜单中选择“混合模式”→“叠加”命令，使其以“叠加”的模式与其下面的层叠加。则此遮罩之内的区域色彩偏向黄色，如图 6-85 所示。

图 6-85
舞台幕布中间色彩偏向了黄色

（10）为整体画面添加横向的晕光效果。虽然整体画面效果已经接近预订目标，但是还缺乏一种“记忆模糊”的感觉（这种画面感可以参考姜文导演的电影作品《阳光灿烂的日子》中的画面）。经过多次比较实验，这里选用 Sapphire 插件中的“发光暗部”特效（暗部晕光）。安装 Sapphire 插件系列后[①]，在效果和预设面板中便可以看到。

为此，新建一个调整图层，使其位于所有层的上方。用钢笔工具在此层绘制遮罩（因为观众层已经做过横向的模糊，所以不对镜头中观众部分进行特效处理），画出要做晕光效果的区域，设置一定的羽化值。添加“发光暗部”特效（在“效果和预设”面板中“Sapphire 灯光”下面），适当设置 Glow saturation（光晕饱和度）、Glow Width（光晕宽度）、Width X（水平方向光晕程度）、Width Y（竖直方向光晕程度）数值，使画面光晕看起来以水平方向“晕开来”，如图 6-86 所示。

至此，本例制作完毕，最终工作界面如图 6-87 所示。

这个镜头制作完毕后，需要输出到剪辑软件中进行配音、剪辑。显然，和前面介绍的一样，为了保证软件之间输入输出不损失质量，仍然采用序列帧的方式进行。

选择时间线窗口，选择菜单中的“合成”→“添加到渲染队列”命令，时间线窗口切换为渲染窗口，如图 6-88 所示。

---

① 在常用的几种后期软件中，After Effects 可以说是拥有第三方插件支持最多的软件。尽管 After Effects 本身的特效有限，但是，数量众多的插件为其提供了几乎无所不能的特效功能。也正是因为如此，After Effects 才如此广泛地被全球各个视觉艺术工作领域（尤其是在二维动画制作当中）所应用。

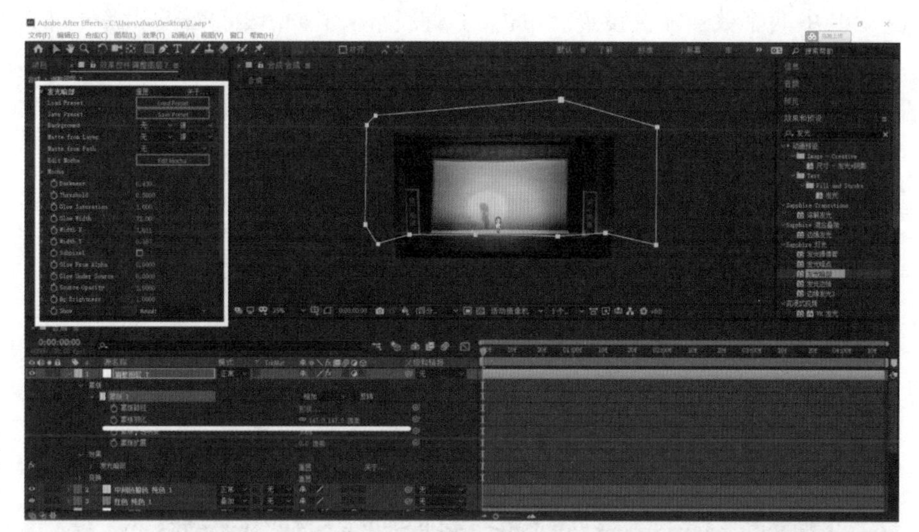

图 6-86 添加“发光暗部”特效

图 6-87 最终工作界面

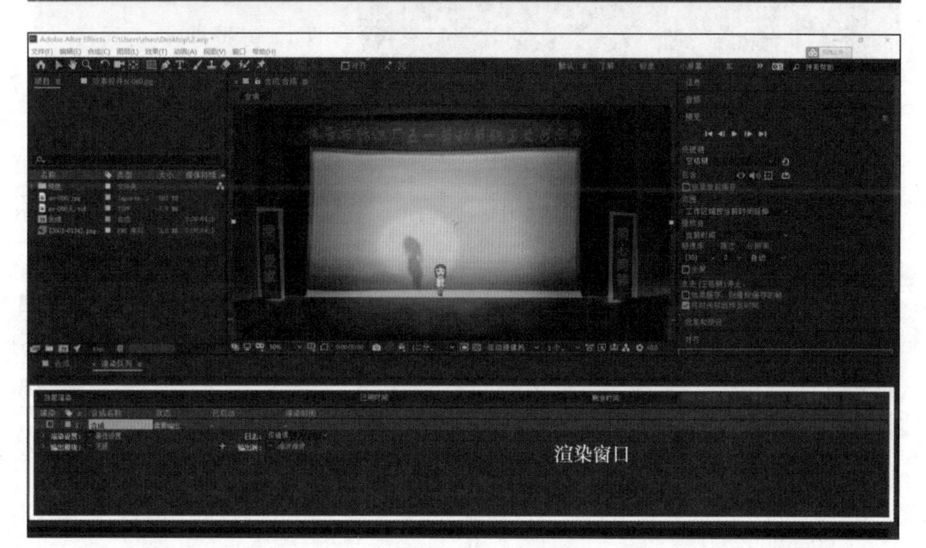

图 6-88 渲染窗口

其中两个数值需要设置。单击渲染设置调出渲染设置面板。需要对其中的品质（设为最佳，最佳质量）、分辨率（设为完整，全分辨率）进行设置，如图 6-89 所示。

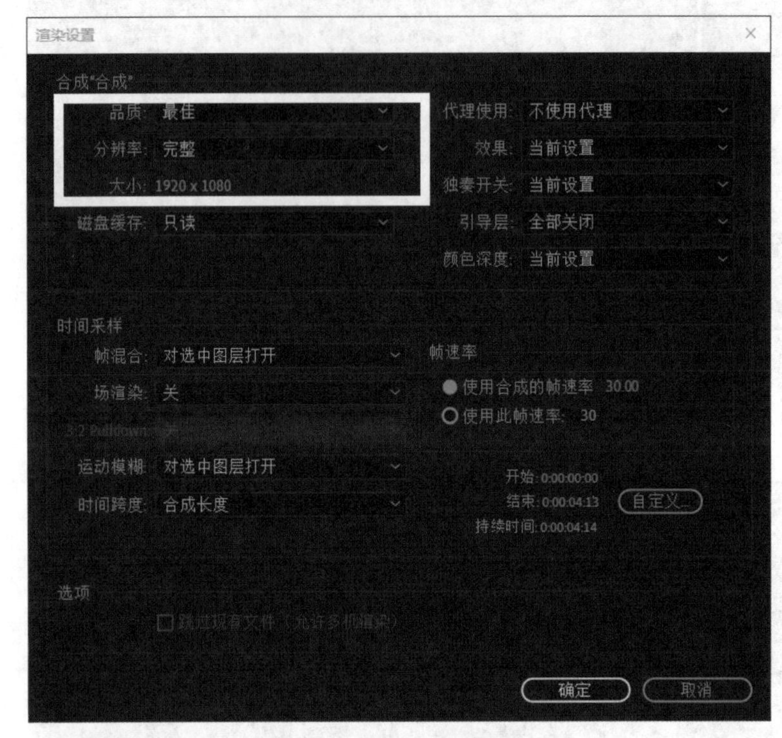

图 6-89
需要设置的两个参数

在渲染窗口中点选“输出模块”，调出输出模块设置窗口。将其中的输出格式设置为“JPEG”序列，并单击“格式选项”按钮，弹出图像质量窗口，将图像质量设为最高，如图 6-90 所示。

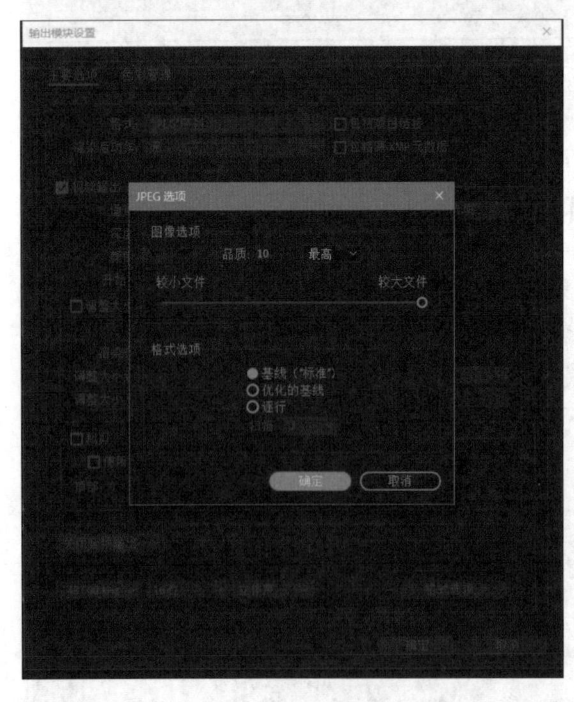

图 6-90
输出格式设为“JPEG”序列帧，设置图像质量

在渲染窗口中点选“输出到”，弹出输出路径窗口，定义输出路径。

待数值设置完毕后，单击渲染窗口中的“渲染”按钮，After Effects 开始渲染。渲染过程中，用户可以同时在计算机上进行其他工作（此时 After Effects 利用多线程在后台渲染），互不影响。如果渲染完毕，会有声音提示。

现在的 Adobe 软件之间的兼容性已经很好，After Effects 和 Premiere

之间可以不通过序列帧传送数据的方式进行相互传送，这样大大提高了工作效率，两个软件之间可以直接打开或者导入对方的源文件，具体方法不在这里详述。

6.4　二维动画的三维效果实现

动画艺术的飞速发展，尤其是进入 20 世纪 90 年代后，以动画电影为代表的高端动画艺术发展日新月异，越来越能体现出技术因素的重要性。其中三维动画技术便是最为典型的代表。这种形式的动画使动画发展进入了快车道。

6.4.1　二维动画和三维动画特质比较

不得不说，单从画面效果上来看，三维动画的画面层次要比二维动画更丰富、效果更真实，这也是大量观众选择观看三维动画电影的原因，图 6-91 和图 6-92 分别是皮克斯动画工作室制作的动画电影《机器人总动员》和宫崎骏导演的动画片《哈尔的移动城堡》的剧照；图 6-93 来自同一部动画片《攻壳机动队 2：无罪》中相同一场戏的两个镜头（分别用二维动画技术和三维动画技术实现）。

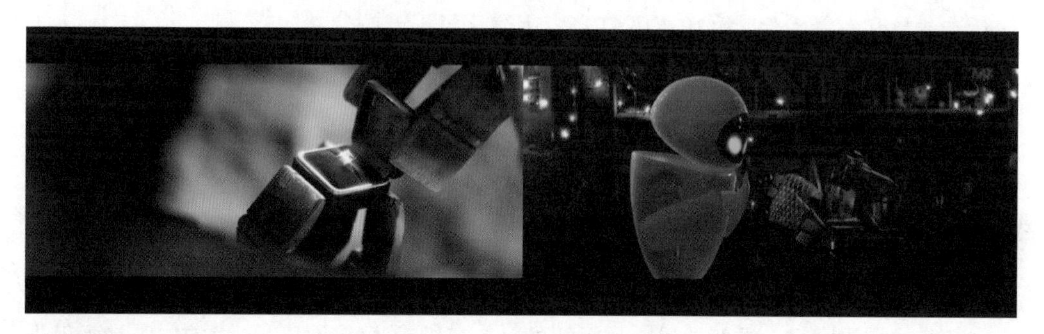

图 6-91
皮克斯动画工作室制作的动画电影《机器人总动员》剧照

图 6-92
宫崎骏导演的动画片《哈尔的移动城堡》剧照

二维动画画面相对简单，三维动画画面更为丰富，这也是由两种动画的不同制作技法和流程决定的。严格意义上说，除了在动画这一基本定义上三维动画和传统的二

图 6-93
动画片《攻壳机动队 2：无罪》剧照

维动画还有一些共同点外，在制作方法、制作流程、表现能力等各方面，二者可谓大相径庭。三维动画的基本制作流程包括建模、材质、灯光、动画、摄影机控制、渲染。而传统二维动画片的制作流程是背景绘制、原画、动画、合成。三维动画的制作流程更像是实拍电影的过程，我们可以把以上的各个步骤类比为实拍电影时的步骤，包括选演员和布景、化妆和美术、灯光、表演、摄影、胶片洗印。

这种天然的特性决定它具有二维动画所无法比拟的优势，二维动画需要逐帧绘制出动作的过程，这样每张动画的绘制实际上又是一个建模过程，我们不得不将这个角色重新绘制一遍，所以，由于要减轻工作量，每张动画画面必须较为简单；而对于三维动画，一旦做好了模型绑定了骨骼，剩下的工作只需调节其动作即可。所以，动画角色可以很复杂，颜色可以丰富且具有层次（只要计算机足够快）；三维动画的制作过程中，动画做好了之后，摄影方式几乎可以任意，甚至如果对以前的摄影不满意，还可以换方向、角度或拍摄方式，重新拍摄；最重要的是，三维动画能完成一项以前二维动画很难实现的一种效果——也是它的最大特点：镜头画面的深度表现，即空间中 z 轴方向上的表现。这是以前二维动画片中尽量避开的领域，而在三维动画里，物体和角色的透视变换不再是动画师的噩梦，更自由的角色运动和摄影机运动对于三维动画来说，是易如反掌的。所以，二维动画是“画出来的”，三维动画更像是“拍出来的”。

同时，三维技术实现了以前传统二维动画无法实现的画面效果，比如梦工厂 1994 年出品的《小马王》中万马奔腾的壮观场面和 1998 年迪士尼公司出品的《花木兰》中木兰制造雪崩阻止匈奴骑兵前进的场面，如图 6-94 所示。

但不可否认的是，三维动画也有其缺陷和弱点，建模是一个烦琐费时的过程，尤其是对于片中出现时间很短的人物或场景，其制作效率在这种情况下就要比二维动画低很多了；有一些司空见惯的东西在三维动画的制作当中实现起来是相当困难的，这些东西包括毛发、皮肤、织物的纤维、泡沫和水流等。皮克斯动画工作室的资深计算机专家东尼 · 德洛斯 (Tony DeRose) 就曾抱怨过，没有人能够“做出一张令人信服的切开的法式面包的图片”。

图 6-94
动画片《小马王》《花木兰》剧照

三维技术正处在蓬勃发展的时期，一些多年前还是难点的技术问题随着计算机科学家的不断努力正在逐渐被解决。《海底总动员》中的水流、《疯狂动物城》中的毛发（见图 6-95），这些在 2000 年左右还令专家级的三维动画师头痛的物理表现，现在已经连普通高校的专业学生都可以轻易实现，三维动画的表现领域正在高速地拓展着。

图 6-95
《疯狂动物城》剧照

尽管三维动画具有如此之多的优势，但是二维动画仍然在动画艺术中占有重要的地位。就像上面说到的，二维动画更像“绘画作品”，更具有“人性”，绘画方式更加自由和富有变化，就像绘画永远不会被摄影取代一样，在世界范围内，二维动画仍然是动画艺术中的主流种类之一。

6.4.2 三维动画和二维动画的融合应用类型分析

近年来，二维动画和三维动画的界限变得越来越模糊，许多动画片同时采用了二维和三维的动画技术，结合二者各自的长处和优势，使画面变得更加多姿多彩。

在当代的绝大多数二维动画电影中，都会应用到三维动画技术。一般情况下，它们“各负其责”，表现各自领域的强项。下面我们通过几个动画电影来简单归纳分析一下，在动画电影中，二维动画技法和三维动画技术各自负责什么样的表现对象。

1. 运动镜头中的背景

图 6-96 是动画电影《攻壳机动队 2：无罪》中的一个镜头。

摄影方式：移镜头。

二维动画技法实现对象：人类角色。

三维动画技术：其余的背景（超市货架、地面等）。

图 6-97 是梦工厂动画电影《小马王》中的一个镜头。

摄影方式：跟镜头。

图 6-96（左）《攻壳机动队 2：无罪》镜头

图 6-97（下）《小马王》镜头

二维动画技法实现对象：马、人。

三维动画技术：峡谷、山脉。

以上两个例子是二维动画片中常常涉及的三维和二维结合使用的典型案例。这两个镜头有一个共同特征，都是运动镜头。在镜头的运动过程中，背景景物的透视发生了变化。这样的镜头运动在以前的传统二维动画制作技法中一般不敢涉及。因为动画角色的透视变化倒是无妨（角色的描线平涂绘制简单），但一旦涉及背景透视变化，想一张张绘制背景动画，那对于动画师来说简直是不可能完成的任务（背景的绘画技法接近于架上绘画，复杂且不易复制）。所以，我们很少在早期的动画片中看到涉及背景透视变化的镜头。

三维技术的介入，让镜头运动下的背景绘制不再困难重重，只要将发生透视变化的背景用三维技法实现即可。

2. 镜头中发生透视变化的“刚体”

图 6-98 是动画电影《美丽城三重奏》中的一个镜头。

摄影方式：固定镜头。

二维动画技法实现对象：人、背景。

三维动画技术：汽车。

图 6-99 是梦工厂动画电影《埃及王子》中的一个镜头。

图 6-98
《美丽城三重奏》镜头

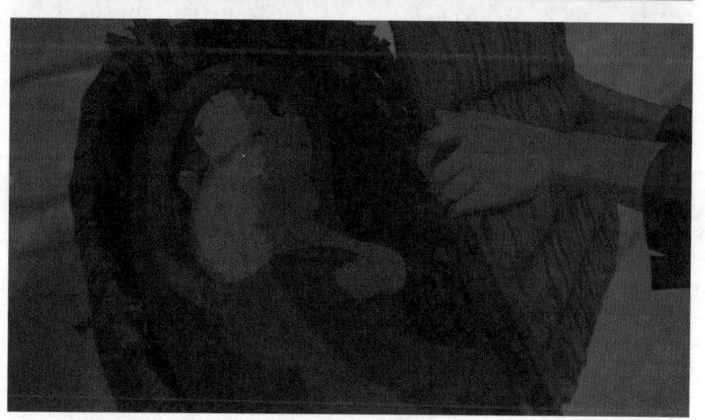

图 6-99
《埃及王子》镜头

摄影方式：固定镜头。

二维动画技法实现对象：婴儿、母亲的手、地面。

三维动画技术：装婴儿的篮子。

以上两个例子中，用三维技术实现的对象是比较“硬”的无生命物体，在这里我们称为“刚体”。这也是二维动画片中常常用到三维动画技法的表现对象，如汽车、飞机、轮船、机器人等，这些表现对象不像人类角色有较大的表情、动作变化，且体积感很强，外形不会轻易改变。这样的特性正好非常契合三维技术的特点。当它们运动中发生透视变化时，可以考虑使用三维动画技法实现。三维技术的优势就是透视准确、科学、严谨。虽然这种情况下也可用二维动画技法表现（如电视版的《变形金刚》中的机器人），但在效果上要差一些。

3. 大范围镜头运动

图 6-100 是梦工厂动画电影《小马王》中的一个镜头。

摄影方式：全范围的摄影机自由运动摄影。

二维动画技法实现对象：无。

三维动画技术：马群、草原。

图 6-100
《小马王》镜头

以上的这个例子是一个长镜头，摄影机在马群飞奔的过程中以非常自由的路径和角度拍摄。在这种情况下，二维动画技法难以完成画面绘制，不但背景需要三维技法实现，连具有生命的角色——马，也不得不由三维技术完成。所以，本例是一个全三维技术实现的镜头。

4. 大量相似角色组成的群组动画

图 6-101 是梦工厂动画电影《埃及王子》中的一个镜头。

摄影方式：移镜头。

二维动画技法实现对象：自然景色。

三维动画技术：人群。

图 6-102 是梦工厂动画电影《小马王》中的一个镜头。

摄影方式：固定镜头。

图 6-101
《埃及王子》镜头

图 6-102
《小马王》镜头

二维动画技法实现对象：马。

三维动画技术：草。

以上两个例子中涉及群组动画，《埃及王子》中大量的人群和《小马王》中随风摇曳的长草，这些表现对象如果用二维动画技法一个个去绘制的话，其成本和制作周期将不可想象。有了三维技术后，群组动画便可较为容易地实现，且视觉效果要优于二维动画技法。

5. 表现力强的镜头

图 6-103 是梦工厂动画电影《埃及王子》中的一个镜头。

摄影方式：移镜头。

二维动画技法实现对象：除河流之外的所有表现对象。

三维动画技术：河流中的水流。

在二维动画技法中，如水流、烟雾、爆炸、雨雪等均有较为成熟的绘制技法和巧妙的实现手段（如分层、循环等技巧），实现起来也不算麻烦。但是，在三维动画技法介入后，这些对象可以更为轻易地被制作出来；更为重要的是，其动画和视觉效果更加优秀、逼真，如上例中的河流，三维动画技法使其色彩丰富、质感准确、动画流畅，这样的效果是二维动画无法实现的。

图 6-103
《埃及王子》镜头

6. 极为复杂的动画角色

图 6-104 是动画电影《攻壳机动队 2：无罪》中的一个镜头。

摄影方式：移镜头。

二维动画技法实现对象：背景。

三维动画技术：巨大的行走神像。

图 6-104
《攻壳机动队 2：无罪》镜头

虽然在一般情况下，这个镜头中的神像应该用二维动画技法实现（有比较柔软的衣料和类似人类的行走动作），但是因为角色造型过于复杂，如果用二维动画技法逐张绘制，完成一张画稿的工作量相当于完成一幅精细程度颇高的绘画作品，更别说整个长度近十秒、透视不断变化的动作序列了。在这种情况下，用三维技术实现该镜头则更为简单——虽然建一个如此精细的模型也不是一件容易的事，但一旦建好之后便完成了绝大多数的任务，剩下的只有调动作了。除此之外，还能从不同的角度和机位多次重复利用已建好的模型——事实上本场戏也这么做了。

6.4.3　二维动画和三维动画结合的一般方法

二维动画和三维动画的结合方法有很多，也不必拘泥于教条陈规，可以根据不同的镜头和具体情况来制定合成的方式方法。这里从实现二者合成的软件入手，简要地讲解二维和三维动画结合的一般思路和方法。

1. 假三维效果（实现软件：TVPaint Animation 为代表的二维动画制作软件）

二维动画中有一种实现“假三维”效果的方法。这种方法不需要三维软件的介入，只要二维动画层和各背景层即可。称其为“三维”，是因为它可以模拟在 z 轴方向上的深度感；称其为“假”，是因为各层只是简单的放大缩小而已，并不涉及真正的 z 轴运动。

这种方法较为常用，许多动画片中用到过类似的画面效果，如迪士尼动画电影《风中奇缘》开场的推镜头，如图 6-105 所示。

图 6-105
迪士尼动画电影《风中奇缘》开场的推镜头

迪士尼的许多早期二维动画片开场喜欢运用这样的推镜头（包括 1995 年出品的这部《风中奇缘》）。推镜头在 z 轴上进行，所以必须表现出层次感，而这样的层次感可以用所谓的“假三维”实现。即将镜头内的景物分为若干层，每层以不同的速率放大，这样，层之间的距离感很明显（尽管每层没有透视变化）。

“假三维”适合表现推、拉、移等不涉及摄影镜头角度发生变化的运动镜头，在这种情况下，被摄物体的透视不会发生大的变化。实现这种“假三维”效果可以手动调整每层的缩放速率，也可利用某些软件提供的特别工具实现。

2. 升级版假三维效果（实现软件：After Effects 等高级合成软件）

这样的称呼虽然不够严谨，但确实可以说明这种制作方式的特征。上面说到的方法有一个缺点：拍摄对象必须是“站”在那里，而不能“躺”下；即被摄层是垂直于地面的。如果要展现平行于地面的平面便无能为力了。因此如果要表现地面的“三维感”，可以使用 After Effects 来实现。

图 6-106 是动画短片《生活原来是这样的》中的一个镜头：摄影机随着飞行的棒球向击球手飞去。用上面讲到的方法，可以轻易地实现击球手、接球手、场内背景广告、背景观众等层的“假三维”效果，但是，对于地面却无能为力，因为在此过程中，地面本身需要展现 z 轴方向上的变化。After Effects 可以较为容易地实现这样的

效果——即可以实现平面层以任何角度在三维空间内放置——姑且称为“升级版假三维效果”。之所以还称为“假”，是因为不论每层如何旋转，层仍然还是“薄片”一张，本身没有“体积”，图6-107是在After Effects中实现的一个“升级版假三维效果”的案例。

图 6-106
动画短片《生活原来是这样的》中的镜头

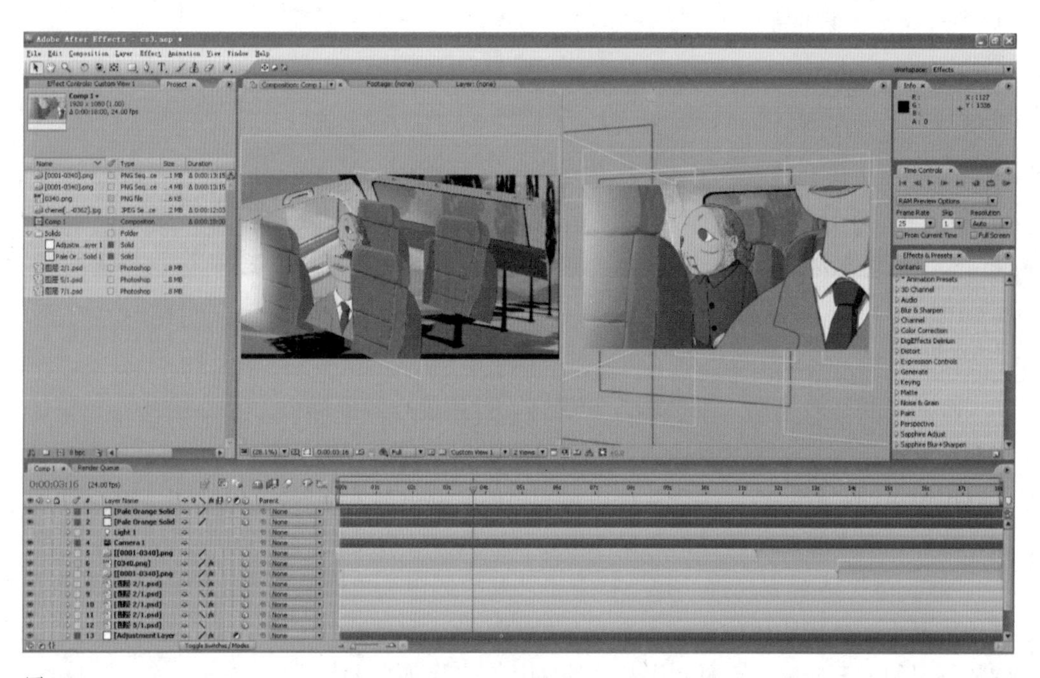

图 6-107
After Effects 中实现的“升级版假三维效果”

3. 利用三维软件制作三维效果（实现软件：3d Max 等三维软件）

利用三维软件可以实现真正的三维效果。在这种情况下，实现三维和二维合成的方式有很多，但核心的思路是不变的，即适合用三维技术实现的表现对象用三维软件实现；适合二维技法的表现对象用二维实现，然后将二者合成到一个画面中。

这其中，有两个问题最为关键：第一，三维模型的贴图效果看起来要与二维部分融合，不要因为二者使用不同的技术而使画面看起来不够协调；第二，三维和二维部分的对位。

（1）三维和二维的画面融合。对于第一个问题，一般可以通过绘制三维模型的贴图来实现画面的统一，如图 6-108 所示，镜头在楼群之间飞速穿梭，楼房用三维技术实现；而本镜头最后落在一个打电话的男人身上，此人采用二维绘制，为了让三维部分和二维部分在视觉上保持一致，将三维楼房的贴图采用与二维背景绘制一致的技法。

图 6-108
《生活原来是这样的》中的镜头画面

为三维模型绘制贴图的方法大致有两种：一种便是上面介绍的为单个模型逐一绘制；另一种为 Camera Mapping 的贴图方式。第一种贴图方法是最规范的贴图方式，但是逐一贴图不易把握画面整体感觉；第二种贴图方式则可以弥补这一缺点。它的工作原理是在 Photoshop 等绘图软件中绘制场景中的背景（与绘制二维背景无异，这样对于把握整体效果非常有益），在绘制过程中，注意把将来要制作成三维效果的部分分层一一绘制；然后在三维软件中，使背景图始终面对摄影机的镜头，根据这张背景，从摄影机的角度制作三维模型（粗模即可）；最后，把这张背景图分层分别以摄影机的角度“投影”到这些模型上，这样，从摄影机的角度观看，原先绘制的二维背景图变成了三维感觉，图 6-109 是利用 Camera Mapping 将一幅分层绘制的二维背景转变为三维场景的工作界面。

Camera Mapping 技法虽然方便直观，但也有其缺点：它只适用于摄影机角度变化不大的情况，比如简单的推拉摇移，而不适合大范围的摄影机运动（背景图投影到模型正面，模型的后面则没有被贴图）。尽管如此，这种技术在动画片的制作中被应用得越来越广泛，图 6-110 是日本动画电影《恶童》中街景使用 Camera Mapping 技术的情况。

（2）三维和二维的对位。三维和二维合成的第二个难点是对位。二维动画层和层之间的对位是在绘制过程中通过拷贝台的协助或者洋葱皮功能参考绘制而成。而三维和二维拥有两套不同的制作流程和软件系统，如何在合成阶段让二者能够恰到好处地合成到一起，尤其是在二者需要精确对位的情况下，怎样完成对位和透视的契合，是三维和二维合成的关键点。

最简单的二者合成并不涉及透视问题，这样的合成比较简单，图 6-111 是动画电影《恶童》中的一个镜头。在这个镜头中，没有镜头运动，除了屋顶上的风扇，其余均用二维动画完成。

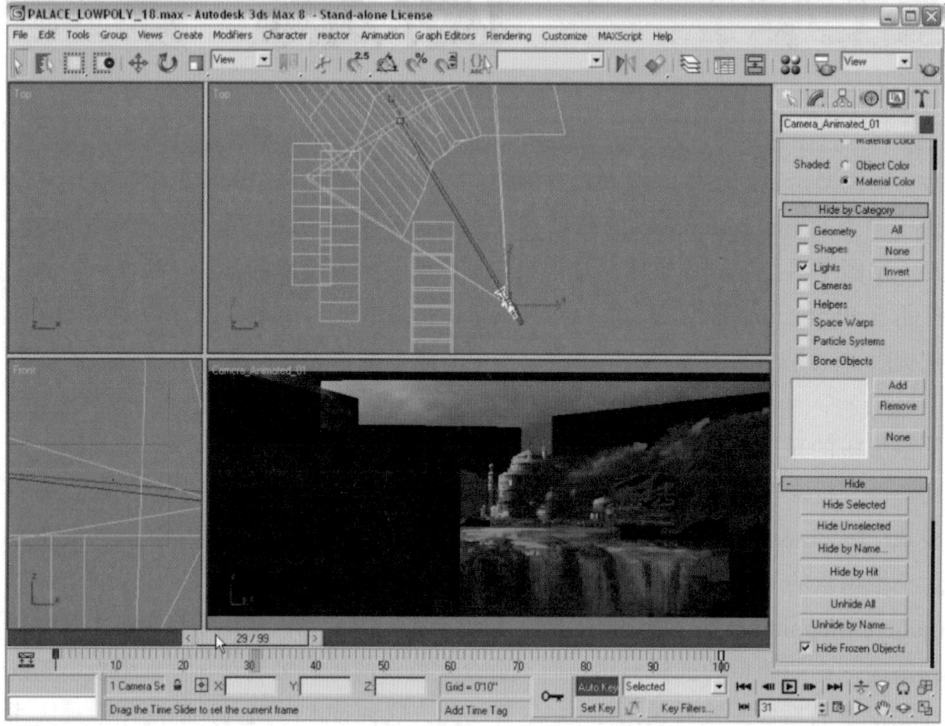

图 6-109
通过 Camera Mapping 实现三维效果

图 6-110
《恶童》中 Camera Mapping 技术的运用

图 6-111
电扇由三维实现

风扇因为转动，透视不断发生变化，又因为它是刚体，所以用三维实现；二维实现手绘感极强的背景和角色动画绘制。最后，二者在 After Effects 等合成软件中进行调色、合成。

较为复杂的三维和二维合成涉及二者精确的对位，图 6-112 是动画电影《恶童》中的一个镜头。

图 6-112
汽车和人物透视均发生变化

在这个镜头中，汽车是三维制作，车内的角色是二维制作。这个镜头不易处理的地方在于：汽车的透视不断发生变化，车内的人也要随之发生透视变化，而且二者要能够在透视变化上匹配。一般的做法是：先制作三维汽车动画，然后依据汽车动画来绘制二维动画，实现精确的对位。如果用无纸二维动画技法制作动画片，可以较为方便地在 Photoshop 等绘图软件中根据这段三维动画的序列帧，逐帧绘制相应的二维动画；如果是传统的二维动画方式，则需要将这些三维动画序列帧用打印机打印出来（黑白打印即可），根据其透视变化在拷贝台上逐帧绘制二维动画画稿。

当然，有时候是先绘制二维动画，然后根据二维动画来精确对位三维动画，图 6-113 是迪士尼动画电影《星银岛》中的一个角色。

这个角色的机械右臂是用三维实现的。在这种情况下，可以先行绘制角色的二维动画，然后根据二维动画逐张将三维的胳膊制作成动画并一一对位。

图 6-113
三维手臂和二维角色

至于最后合成的软件，可以根据不同的情况进行不同的选择。例如，上面提到的屋内的风扇和汽车内的人物这两个例子，一般可以用后期合成软件合成（如 After Effects）；至于《恶童》中用 Camera Mapping 技术表现街景，则需要直接在三维软件中合成（二维绘制的角色动画可以通过动画贴图的方式贴到三维空间内的一个“板子”上）；而对于《星银岛》的船长角色，因为需要逐帧地与三维模型结合，则最好在逐帧绘制二维动画时，与三维场景进行位置关系上的匹配。

课后题

（1）在 6.3 节介绍的 After Effects 合成案例（老奶奶照镜子）中，为老奶奶角色添加光影效果时（为其制作背光面），为什么不采用与为背景添加暗部相同的方法（即在老奶奶层上面添加调整图层并绘制遮罩），而要采用再复制一个老奶奶层的方式进行?

（2）根据本章内容在 After Effects 制作老奶奶照镜子的镜头画面特效。

（3）根据本章内容在 After Effects 制作女孩表演的镜头画面特效。

参 考 文 献

[1] 理查德·威廉姆斯．原动画基础教程——动画人生存手册 [M]. 邓晓娥，译．北京：中国青年出版社，2006：339.

[2] 哈罗德·威特克，约翰·哈拉斯．动画的时间掌握 [M]. 陈卫宏，译．北京：中国电影出版社，2005：135.

[3] 严定宪，林文肖．动画技法 [M]. 北京：中国电影出版社，2001：182.